"AU BON VIEUX TEMPS"
河田胜彦的美味手册

甜点完全掌握

〔日〕河田胜彦◇著　　王宇佳◇译

中国民族摄影艺术出版社

只有经过不断练习，
才能做出美味的甜点

只要有鸡蛋、砂糖和面粉，就能做出美味的甜点。将这3种材料等量混合，可以做出最简单的蛋糕。再加上适量的黄油，就能做出本书中介绍的四合蛋糕，也就是我们常说的黄油蛋糕。由此可见，制作甜点的基本材料和配比，是有规律可循的。

所以，在制作甜点时，头脑中一定要有一个大致的概念。自己要做什么样的甜点？最喜欢什么样的味道？有了这样的概念之后，即使用同样的配比，做出的甜点也会因为材料选择和烘烤时间的不同，产生细微的差别。在基本材料的基础上，再加入水果、杏仁粉和利口酒等材料，就能做出更多让人眼花缭乱的甜点。加入这些材料后，甜点的味道会更加丰富，外表也会有所变化。经过自己的创新，将材料自由组合，就能做出世界上独一无二的甜点，这正是烘焙的有趣之处。

不过，要达到这种境界，就一定要经过成千上万次的刻苦练习。作为配角的果酱和果子露，也要尝试自己动手做一下。刚开始时不要太在意甜点的外形，即使没那么好看，只要烤熟了也照样能吃。练习一段时间之后，就能渐渐地抓住制作的诀窍了。希望这本书能给你带来一些启发。

AU BON VIEUX TEMPS

河田胜彦

河田主厨的
基础教程

烘焙的 4 个基本窍门

1 丰富的材料和复杂的手法都是为了做出“美味的甜点”

烘焙过程中，我头脑中唯一一个想法就是“尽量做出美味的甜点”。所以，我绝对不会说“手法太复杂了，我们来简化一下”或是“这些材料不好收集，我们把它省去吧”这样的话。即使材料不好收集、手法太过复杂，为了做出美味的甜点，这些也是必不可少的。

2 除了关注时间和次数外还要利用感觉确认甜点的状态

本书中所写的烘烤时间只是一个大概时间。另外，搅拌次数等其实也没有明确的规定。依照书中的方子制作时，不需要完全循规蹈矩，而要充分依靠自己的感觉。每一步都要好好观察食材的状态，不但要看，还要用鼻子闻、用手摸，然后根据当时的感觉，确定要不要进行下一步。

3 一定要注重细节

既然想做出美味的甜点，就一定要在坚果、果酱这类非主角的材料上花些心思。不要将它们当做一个可有可无的小零件，其实这些细节才是最重要的。

4 偶尔失败，也没关系

在家里制作甜点时，难免会因为手法、材料、季节等因素，做出一些不太成功的作品。偶尔失败一次也没关系，只要能享受烘焙的过程就好。

目录

第一章
一切从这里开始
烤甜点

第二章
想尝试去做，想知道有关它的一切
人气甜点

第三章

不需要复杂技巧的

简单甜点

COLUMN

富有变化的食材

方子中没有体现的烘焙知识

【关于材料、工具和烤箱的说明】

■关于材料

鸡蛋使用的都是M号的（1个约60g）。其中蛋白重约36g，蛋黄重约20g。鲜奶油没有特定品牌，只要使用乳脂肪含量47%的就可以。黄油要用无盐型的。装饰用的水果和坚果，不一定要跟书中一样，大小品质等可以略有不同。（参照➡P65）

■关于工具

书中用到的工具都是家庭中常见的或容易买到的。

【基本工具】

硅胶铲/打蛋器/碗2~3个（大号的直径24~27cm、小号的直径18cm）/多功能筛子（参照➡P56）

■烤箱

书中的甜点都是用家用烤箱制作而成的，烘烤温度和时间在方子中有标注。不同的烤箱性能上有差异，书中的烘烤温度和时间只是参考值，烘焙时要观察甜点的颜色和质地，来判断是否烤好。如果没有特殊标注，烤箱都要提前预热到需要的温度。

本书的使用方法

为了方便大家做出美味的甜点，下面介绍一下本书的使用方法。

左边的大图是甜点的成品范例。但是这仅仅是一个范例，制作时不需要完全按照这个去做。有时因为季节、食材的变化，做出的甜点也会有所不同。

通过改变面粉和黄油的混合方法，来控制沙布列的口感。
入口即化的口感，正是沙布列的精髓所在。

杏仁沙布列

Sablé parisienne

入口即化的酥脆口感，让人联想到“沙子”

黄油（无盐型）……150g
低筋面粉……190g
杏仁糖粉
糖粉……45g
杏仁粉……45g
糖粉……20g
牛奶……1大匙
砂糖……适量
干面粉（高筋面粉）……适量

做沙布列的背面，就知道这次制作是否成功

这是方子中用到的所有食材列表，还有一些关于特殊食材的注解。

这里标注了甜点的最佳食用时间、保存方法和保存时间等。有些面团可以直接放入冰箱冷藏或冷冻保存，等需要的时候再拿出来烘烤，此处也标明了保存方法。

这部分是来自主厨的话，其中包括甜点名字的来源、甜点的美味之处、食材配比、制作上的小窍门等，还有一些主厨的独到想法。标黄色的部分是需要大家特别注意的，一定要仔细阅读。最上面还标注了每款甜点的法语名称。

每张图片下，都有对该步骤的详细说明。说明主要分3个部分，第1部分是标黄色的主要步骤解说，光看这部分就能把握制作甜点的整体步骤。第2部分是下面的详细解说。第3部分是最下方的对话框，里面的红字是主厨对该步骤的建议和评论。这部分隐藏了很多普通方子里没有的重要信息，请一定要仔细阅读，它对你的烘焙很有帮助。

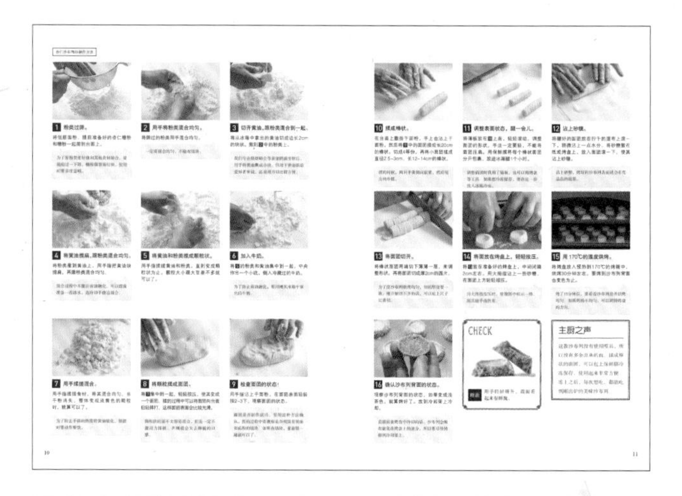

前面步骤中没机会说到的东西，还有主厨的一些想法，会放在最后。

第一章

一切从这里开始
烤甜点

想要开始制作甜点，首先要从本章入手。

使用面粉、黄油、牛奶、砂糖等基本材料，

就能制作出美味的烤甜点。

在这个过程中，

还可以学到搅拌面粉、熔化黄油等处理食材的方法。

通过改变面粉和黄油的混合方法，来控制沙布列的口感。
入口即化的口感，正是沙布列的精髓所在。

杏仁沙布列

Sablé parisienne

入口即化的酥脆口感，让人联想到“沙子”

这款沙布列，口感非常酥脆，入口即化，真是非常美味。材料中的杏仁粉和糖粉是1:1的比例。**浓郁的黄油和杏仁味，是这款甜点最突出的特点**。

沙布列（sablé）这个词是由法语中“沙子（sabler）”一词衍生出来的。为了**制作出像沙子一样细腻的口感**，要用手指或手掌将面粉和黄油仔细地混合到一起，揉成沙子状，这个步骤叫做沙化（sablage）。

所以，制作这款甜点时，将黄油和面粉混合后，千万**不要过分揉捏**。另外，黄油变软后，即使跟面粉混合到一起，也无法搓成沙子状，一定要趁着黄油还很凉很硬的时候操作，牛奶也要使用刚从冰箱拿出来的。不过像我这样的专业糕点师，通常会选择给手降温，然后凭感觉进行沙化。手的温度也会使黄油熔化，这一点一定要多加注意。

看沙布列的背面，就知道这次制作是否成功

沙化这个步骤是否成功，从沙布列的背面就能看出来。**背面有很多大孔**，就证明成功了。如果沙化不成功，背面的孔就会缩得很小。

确认烘烤火候是否到位时，也可以观察沙布列的背面。如果背面整个被烤成均匀的茶色，火候就刚刚好。只要看一眼背面，从制作方法是否正确到是否好吃，都能一下判断出来。

材料（60块份）

无盐黄油…………………………150g
低筋面粉…………………………190g
◎杏仁糖粉
糖粉…………………………………45g
杏仁粉………………………………45g
糖粉…………………………………20g
牛奶…………………………………1大匙
砂糖…………………………………适量
干面粉（高筋面粉）…………适量

专门用来装饰的糖粉中含有油脂，不适合用来做面团。杏仁粉最好选质地粗糙一些的，这样烘烤之后口感和味道都比较好。

准备工作

- 黄油和牛奶放入冰箱冷藏，待使用时再拿出来。
- 在烤盘中铺一层烤箱用垫纸（或厨房用纸）。
- 将杏仁糖粉的材料混合后一起过筛。
- 烤箱预热到170℃。

需要准备的东西

烤箱用垫纸（或厨房用纸）、保鲜膜、拧干水分的湿布、尺子、冷却架。

烤箱设置

◉ 温度/170℃ ◉ 烘烤时间/30分钟

最佳食用时间和保存方法

放置一晚后，味道会变得更浓，比刚出炉时还好吃。稍微冷却后，连同干燥剂一起放入密封容器里保存，常温下放置即可。这样保存一周左右，味道不会受到影响。
揉成棒状的面团，可以用保鲜膜包起来冷冻保存，保存时间大约为3个月。烘烤时，要提前拿出来解冻，等面团达到可以切开的硬度，按照后面的方子，从步骤⑫之后开始操作。解冻过程中面团上会凝结一些水分，可以省去在湿布上滚的步骤。

杏仁沙布列的制作方法

1 粉类过筛。

将低筋面粉、提前准备好的杏仁糖粉和糖粉一起筛到台面上。

为了使粉类更好地和其他食材融合，要提前过一下筛。糖粉很容易结块，使用时要多注意哦。

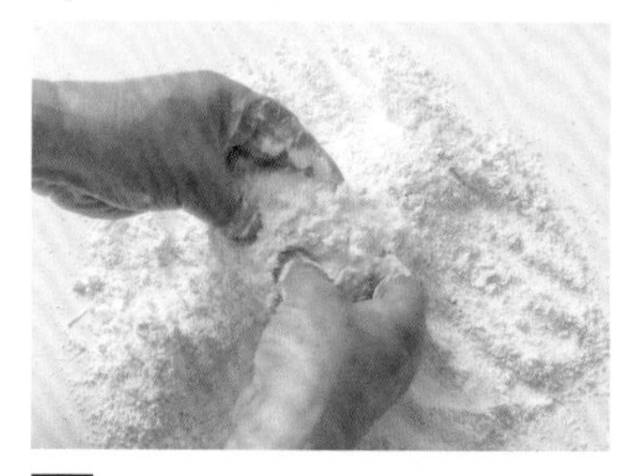

2 用手将粉类混合均匀。

将筛过的粉类用手混合均匀。

一定要混合均匀，不能有结块。

3 切开黄油，跟粉类混合到一起。

将从冰箱中拿出的黄油切成边长2cm的块状。撒到2中的粉类上。

专业烘焙师会等黄油稍微变软后，用手将黄油撕成小块。但对于普通烘焙爱好者来说，还是用刀切比较方便。

4 将黄油捏扁，跟粉类混合均匀。

将粉类撒到黄油上，用手指把黄油块捏扁，再跟粉类混合均匀。

混合过程中不能让黄油熔化。可以提前准备一些冰水，边冷却手指边混合。

5 将黄油和粉类捏成颗粒状。

用手指揉搓黄油和粉类，直到变成颗粒状为止。颗粒大小跟大豆差不多就可以了。

6 加入牛奶。

将5的粉类和黄油集中到一起，中央做出一个小坑，倒入冷藏过的牛奶。

为了防止黄油熔化，要用刚从冰箱中拿出的牛奶。

7 用手揉搓混合。

用手指揉搓食材，将其混合均匀。当干粉消失，整体变成淡黄色的颗粒时，就算可以了。

为了防止手指的热度将黄油熔化，揉搓时动作要快。

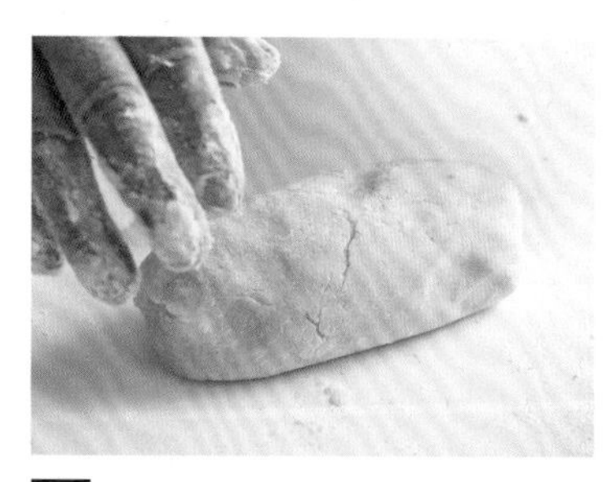

8 将颗粒揉成面团。

将7集中到一起，轻轻按压，使其变成一个面团。揉的过程中可以将面团向台面轻轻摔打，这样面团表面会比较光滑。

颗粒状的面不太容易混合，但是一定不能用力揉搓，否则就会失去酥脆的口感。

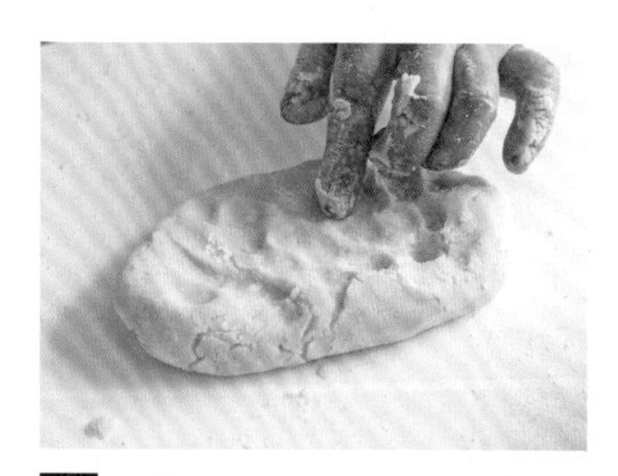

9 检查面团的状态！

用手指沾上干面粉，在面团表面轻轻按2~3下，观察面团的状态。

面团是否制作成功，要用这种方法确认。按的过程中要观察是否残留着黄油和面粉的结块。如果有结块，重新揉一遍就可以了。

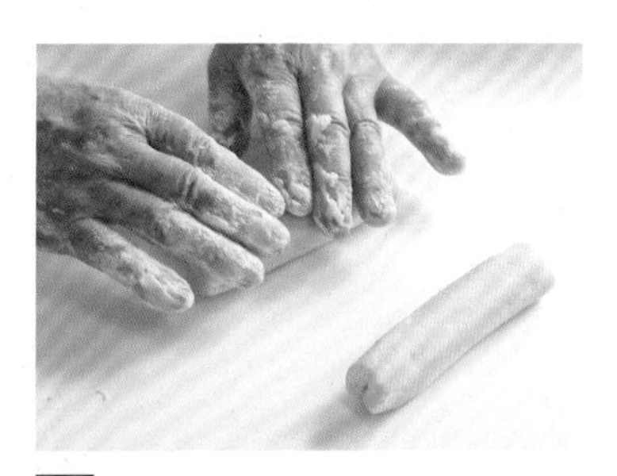

10 揉成棒状。

在台面上撒些干面粉，手上也沾上干面粉，然后将9中的面团揉成长20cm的棒状。切成4等份，再将小面团揉成直径2.5~3cm、长12~14cm的棒状。

揉的时候，两只手要斜向放置，然后用力向外揉。

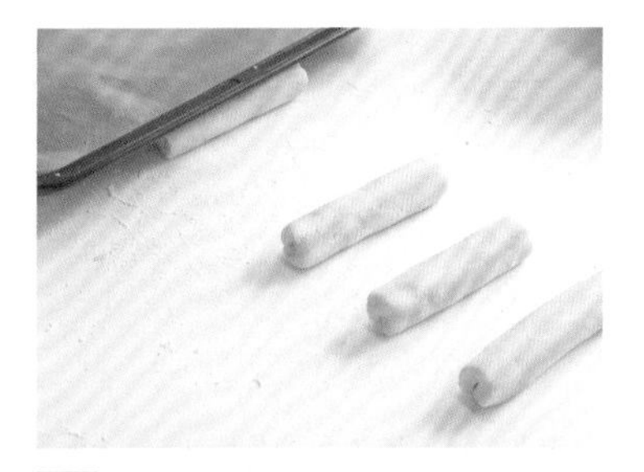

11 调整表面状态，醒一会儿。

将薄板放在10上面，轻轻滚动，调整面团的形状。手法一定要轻，不能将面团压扁。用保鲜膜将每个棒状面团分开包裹，放进冰箱醒1个小时。

调整面团时我用了砧板，也可以用烤盘等工具。如果想冷冻保存，要在这一步放入冰箱冷冻。

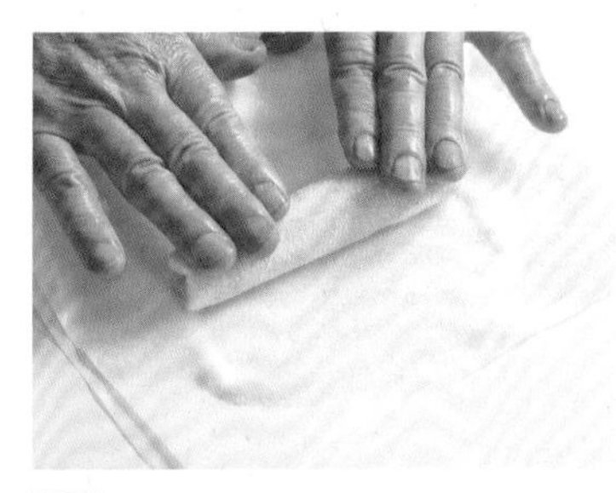

12 沾上砂糖。

将醒好的面团放在拧干的湿布上滚一下，稍微沾上一点水分。将砂糖撒在纸或烤盘上，放入面团滚一下，使其沾上砂糖。

沾上砂糖，烤好的沙布列表面就会有亮晶晶的效果。

13 将面团切开。

将棒状面团两端切下薄薄一层，来调整形状。再将面团切成厚2cm的圆片。

为了使沙布列烘烤均匀，切的厚度要一致。刚开始切不齐的话，可以放上尺子比着切。

14 将面放在烤盘上，轻轻按压。

将13放在准备好的烤盘上，中间间隔2cm左右。用大拇指沾上一些砂糖，在面团上方轻轻按压。

用大拇指按压时，要像图中所示一样，用其他手指扶着。

15 170℃烘烤。

将烤盘放入预热到170℃的烤箱中，烘烤30分钟左右。要烤到沙布列背面也变色为止。

烤了15分钟后，要看看沙布列是否烘烤均匀。如果烤得不均匀，可以调转烤盘的方向。

16 确认沙布列背面的状态。

观察沙布列背面的状态，如果变成浅茶色，就算烤好了。放到冷却架上冷却。

直接放在烤盘中冷却的话，沙布列会吸收熔化在烤盘上的油分，所以要尽快转移到冷却架上。

CHECK

截面 用手轻轻掰开，横截面看起来很酥脆。

主厨之声

这款沙布列没有使用模具，所以没有多余出来的面。揉成棒状的面团，可以包上保鲜膜冷冻保存，使用起来非常方便。冻上之后，每次想吃，都能吃到刚出炉的美味沙布列。

将煮熟的蛋黄加入面团中，
制作出口感轻盈酥脆的沙布列。

诺曼底风沙布列

Sablé normand

煮熟的蛋黄要加入面粉中使用

同样叫沙布列，方子却各不相同，要根据自己想要的口感，调整食材、配比和制作方法。

下面给大家介绍口感轻盈酥脆的诺曼底风沙布列，这是法国诺曼底地区的代表性甜点。

使用了煮熟的蛋黄，制作方法独特而有趣。将煮熟的蛋黄碾碎，然后加入低筋面粉中进行沙化（➜P9）。**煮熟的蛋黄能使沙布列产生轻盈的口感，同时增加沙布列的色泽和香味。**生鸡蛋有很多作用，比如使面团膨胀等，但却无法产生像熟蛋黄这样的口感。

最基本的一点，不要加入多余的面粉

一般来说，制作这种沙布列的面团时，要在台面、擀面杖上撒上干面粉，同时手上也要沾一些面粉。但是，尽量**不要加入多余的面粉，这样做出来的沙布列会更美味。**这是非常基本的一点。为了简化制作步骤，最好的方法是在揉好的面团外，包上有一定厚度的塑料袋。擀面团时，可以将塑料袋剪开铺在上面和下面。制作过程中，当面团变软并开始粘手时，可以用塑料袋将面团重新包起，放入冰箱冷却一下，这样后面的操作会更顺畅。虽然也可以用保鲜膜包面团，不过保鲜膜容易粘到面团上，所以最好不要用。

另外，用模具压制面团时，会余下一些面，这些面被称为二次面团。可以收集起来，揉成一团后跟下次的面团揉到一起使用。这样每次做出的沙布列味道都会很稳定。

材料（20块份）

煮熟的蛋黄……3个
低筋面粉……125g
砂糖……72g
盐……1g
无盐黄油……125g
干面粉（高筋面粉）……适量
蛋黄液……适量

这个方子里用的蛋黄，要稍微煮得老一些。剩下的蛋白，可以用来做沙拉。

准备工作

- 将黄油软化（➜P40）。
- 低筋面粉过筛。
- 烤箱预热到170℃。

需要特别准备的东西

筛子、塑料袋（有一定厚度的大号塑料袋）、擀面杖、厚5mm的标尺2根（或者是同样厚度的木条）、模具（直径10cm的圆形花边模具）、刮板、抹刀、刷子、牙签。

烤箱

- 温度/170℃　◉ 烘烤时间/20~25分钟

最佳食用时间和保存方法

放置一晚后，味道会变得更浓郁，比刚出炉时还好吃。稍微冷却后，连同干燥剂一起放入密封容器里保存，常温下放置即可。这样保存一周左右，味道不会受到影响。
切成2等份的面团，可以用保鲜膜包住，放入冰箱冷冻保存3个月左右。想制作沙布列时，可以将面团放到冷藏室解冻，当面团变软、可以用手揉的时候，按照8之后的步骤继续操作。

1 用筛子将蛋黄碾成泥状。

用网眼比较细的筛子，将刚煮好的蛋黄碾成泥状。

具体方法是，用手向下按压蛋黄，蛋黄透过筛子就会变成细腻的泥状。

2 加粉类和盐，跟蛋黄混合均匀。

向1中加入筛过的面粉、砂糖和盐，用手充分混合。

这款沙布列使用了大量黄油，加盐是为了使面团更紧实，这样在烘烤时就能很好地保持原来的形状。

3 边用手碾碎黄油，边跟其他食材混合。

加入准备好的黄油，用手边碾碎边跟其他食材混合到一起。

一定要注意手法，捏的时候不能太用力，也不能揉过头，揉成紧实的状态就可以了。手接触面团时间太长的话，黄油就会被手的温度熔化。

4 揉到没有干面粉，就算可以了。

当大部分黄油都跟其他食材混合均匀时，再轻轻揉几下，揉到没有干面粉的状态，就算可以了。

5 检查面团的状态！

手上沾一些干面粉，在面团表面轻轻按2~3次，再将表面抹平。观察面团状态，看看是否残留有黄油块和干面粉，如果有，就重新揉一遍。

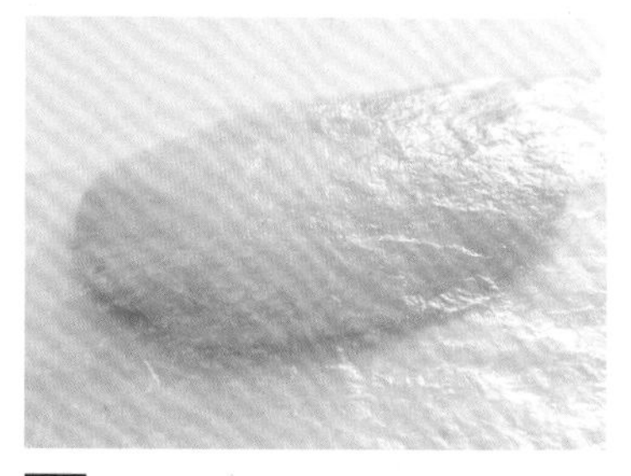

6 放入冰箱醒 1 小时以上。

将面从碗中取出，放在撒了干面粉的台面上，揉成一团后用手掌按压成厚度一致的厚片，装入塑料袋中，放进冰箱醒1小时以上。

揉成一团时手法要轻，不要过分揉捏。

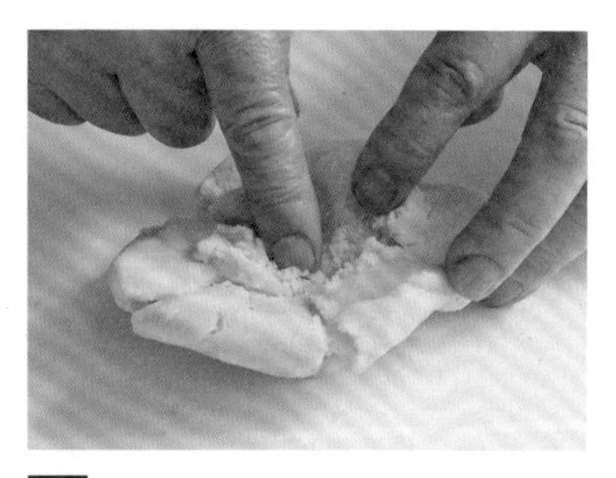

7 将面团从冰箱中取出。

将6的面团从冰箱取出，分成2等份，其中一份放在撒了少量干面粉的台面上。另一份放入冰箱冷藏，过后再按照相同方法烘烤。

醒了1个小时的面团，外侧质地冷而硬，中心部分则比较柔软。

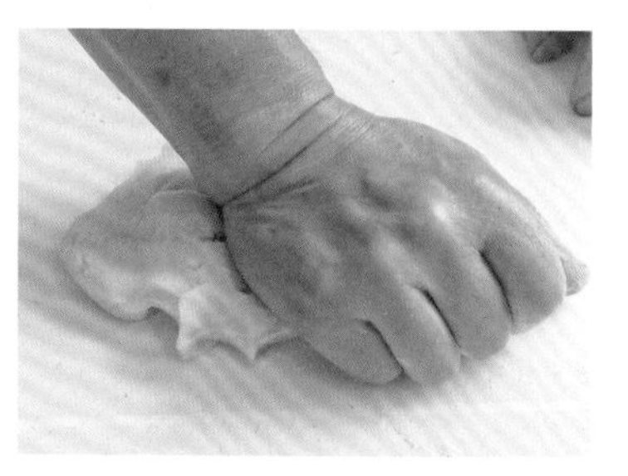

8 用手揉捏，使整个面团变成同样的质地。

用手掌根部轻轻揉面团，使其变成同样的质地。

外侧的面较硬，中心的面较软，轻轻揉捏使整体质地均匀，后面造型就会方便很多。但注意不能揉得太软。

9 将面团调整成易擀开的形状。

当面团质地均匀时，先用手揉成棒状。然后轻轻按压，调整成有一定厚度的椭圆形。

进行这一步操作时，动作一定要快。

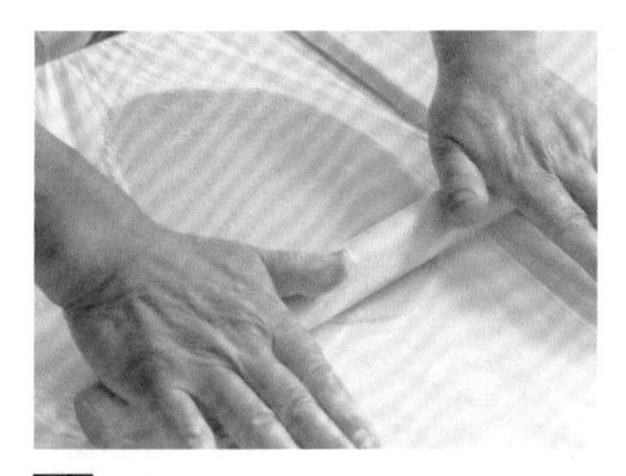

10 擀开面团。

剪开包在外面的塑料袋，铺在9的面团上下，左右放上标尺，用擀面杖将面团擀成厚5mm的片。

将塑料袋铺在面团上下，就不用撒干面粉了。避免加入多余面粉，做出的沙布列会更美味。

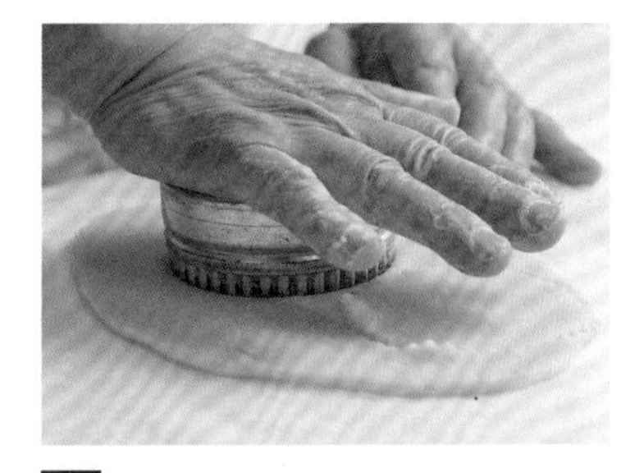

11 用模具压出想要的形状。

将模具放在擀好的面团上，用手掌向下垂直按压，依次压出几个带花边的圆形。为了减少浪费，中间间隔要小一些。

如果担心面沾到模具上，可以提前在模具上撒一些干面粉。

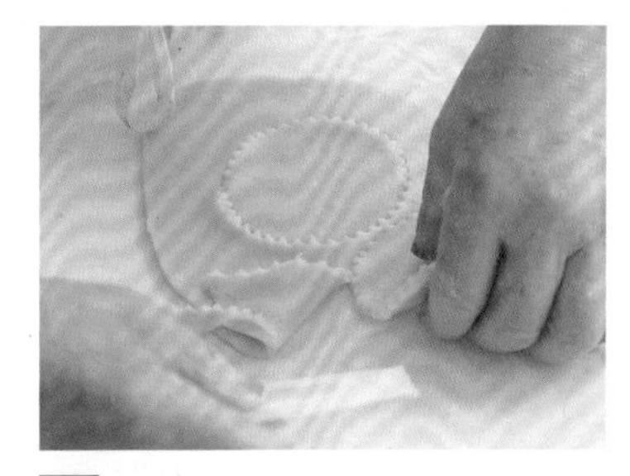

12 将周围的面取走。

压好形状后，用刮板等工具将周围的面取走。

取下来的面集中到一起，如果质地较软，可以再放入冰箱冷藏一会儿，然后跟7中放入冰箱的面团揉到一起。

13 将圆片切成 4 等份。

将用模具压好的圆片，切成4等份。7中放入冰箱的面团，也按照相同的方法造型。

14 放在烤盘上，涂一些蛋黄液。

将切好的面团放在烤盘上，注意中间要留有间隔。用刷子蘸一些蛋黄液，涂在表面，蛋黄液干了之后，再涂一次。

这款沙布列的面坯质地较软，放入烤盘的过程中，可以用抹刀辅助，这样就不用担心面坯变形了。烘烤的温度不是很高，为了保证烤出漂亮的颜色，要涂两遍蛋黄液。

15 在表面划出纹路。

趁着第2次涂的蛋黄液还没干时，用牙签在表面划出格子形的纹路。

在涂了2次蛋黄液的表面，划出漂亮的纹路。

16 170℃烘烤。

将烤盘放入预热到170℃的烤箱中，边观察边烘烤20~25分钟。烤到背面也变成较深的颜色，就算可以了。放到冷却架上冷却。

CHECK

背面 确认背面也烤成跟表面一样的颜色。

截面 横截面看起来质地粗糙，证明这款沙布列口感比较酥脆。

让变软的黄油接触空气，
打造出细腻酥脆的口感。

草莓果酱饼干

Fraise disque

使用口感酥脆的甜酥面团

制作这款草莓果酱饼干时，如何将果酱的甜味和酸味与饼干融合到一起，是最关键的。

如果使用跟杏仁沙布列（➡P9）一样的面团，就会将果酱的水分吸收，做出来的饼干一点都不好吃。制作这款饼干时，一定要用甜酥面团（pate sucre）。顾名思义，**甜酥面团本身带有甜味，pate sucre在法语中本来就是"加了砂糖的面团"的意思。**

甜酥面团质地细腻，可以做成饼干类的小甜点，也可以用来做生奶酪蛋糕（➡P80）或各种挞（➡P85、92）。

另外，这款饼干里使用了糖粉来增加甜味。甜酥面团水分较少，普通的砂糖无法完全溶解，会留下颗粒感。虽然这种口感也不错，不过我还是倾向于使用糖粉，这样做出的饼干口感比较细腻。

用草莓果酱增加酸味

如果要放到店里售卖，我一般会用红浆果（红醋栗）的果酱，但在家庭烘焙中，还是用草莓果酱比较方便。**要尽量选择味道较酸的果酱，如果酸味不够，可以加一些柠檬汁调味。**市面上贩卖的果酱通常都比较稀，直接使用的话，很难达到像照片中一样的效果。使用之前可以放到锅中熬一会儿，让果酱变黏稠（➡P55）。

材料（30块份）

◎甜酥面团

- 无盐黄油……120g
- 糖粉……80g
- 蛋黄……32g（约2个）

牛奶……12g
低筋面粉……200g
干面粉（高筋面粉）……适量

◎装饰用

糖粉……适量
草莓果酱……适量

制作这款饼干时，用质地细腻的糖粉代替了砂糖，因为糖粉更容易跟黄油等食材融合到一起。草莓果酱要尽量选择酸味较重的，这样做出的饼干味道更有层次感。

准备工作

- 将黄油软化（➡P40）。
- 糖粉、低筋面粉分别过筛。
- 烤箱预热到180℃。

需要特别准备的东西

手持式打蛋器、塑料膜（将有一定厚度的大号塑料袋剪开）、擀面杖、厚3mm的标尺2根（或者是同样厚度的木条）、模具（直径4cm和2.5cm的圆形花边模具）、硅胶铲、抹刀、筛子、茶匙。

烤箱

◎ 温度/180℃ ◎ 烘烤时间/20分钟

最佳食用时间和保存方法

放置一晚后，味道会变得更浓郁，比刚出炉时还好吃。稍微冷却后，连同干燥剂一起放入密封容器里保存，常温下放置即可。这样保存一周左右，味道不会受到影响。

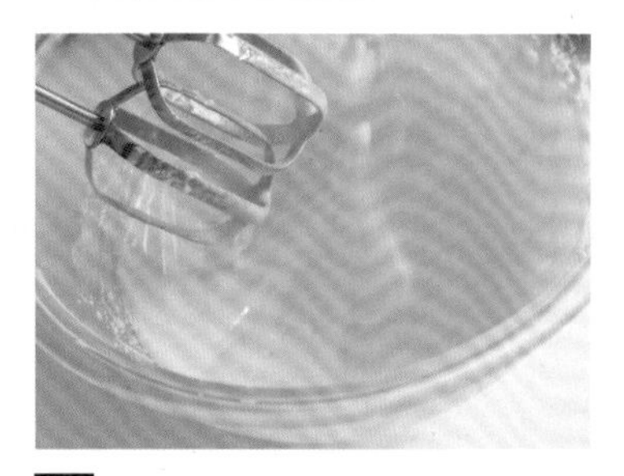

1 将黄油搅拌成奶油状。

用手持式打蛋器的低速挡将准备好的黄油搅拌成奶油状。

我平时都称之为“发胶状”，但估计很多人都不知道这个名词。就是搅拌到结块消失、像蛋黄酱一样细腻的奶油状。

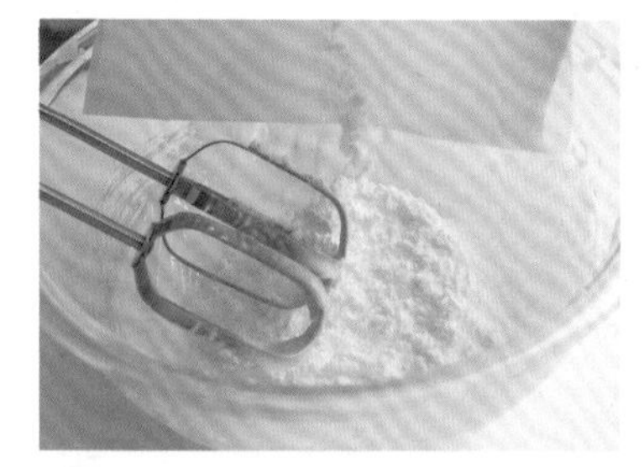

2 加入糖粉，用高速挡混合均匀。

一次性加入筛过的糖粉，用手持式打蛋器的高速挡搅拌成略微发白的状态。

要想做出酥酥的口感，这一步就要让食材充分接触空气。

3 分2次加入蛋黄。

加入一半的蛋黄，充分搅拌，等蛋黄跟黄油混合均匀后，再加入剩下的蛋黄，按照同样的方法混合。

蛋黄不能一次性加入，这样不但不好搅拌，还很容易分离。要分2次加入，使蛋黄和其他食材充分混合。

4 加入牛奶。

加入牛奶，继续搅拌，直到变成黏稠的奶油状为止。

其实可以不加牛奶，但加了会使口感更加丰富。

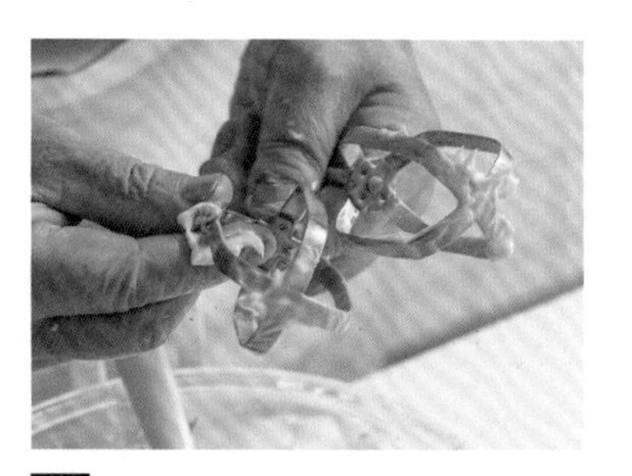

5 刮下打蛋器头上的面糊。

用手指仔细刮下打蛋器头上的面糊，然后加入碗中。

6 加入低筋面粉，搅拌均匀。

一次性加入提前筛好的低筋面粉，将打蛋器换成硅胶铲，从底部向上搅拌。搅拌到看不见干面粉，就算可以了。

7 检查面团的状态！

手上沾一些干面粉，在面团表面轻轻按2~3次，再将表面抹平。观察面团状态，看看是否残留有黄油块和干面粉。

如果有黄油块或干面粉，就继续搅拌。

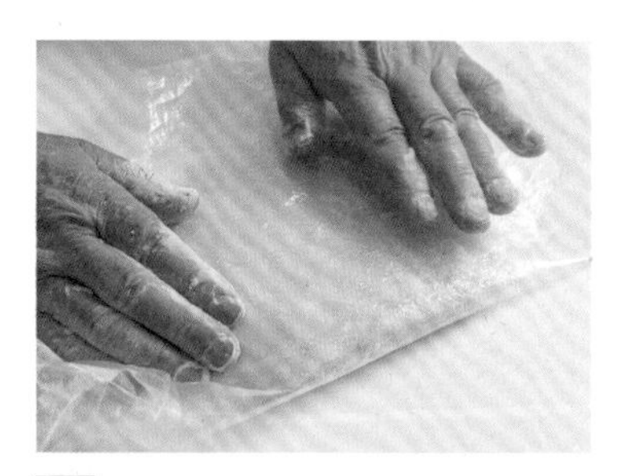

8 醒面。

将面放在塑料膜上，揉成一团后将塑料膜盖在面团上。用手掌将面团压成厚2mm左右的片。放入冰箱醒1小时以上。

用塑料膜包住面团，再调整面团的形状。

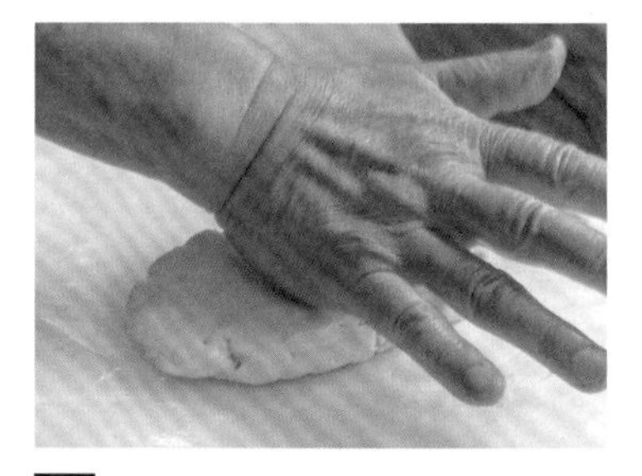

9 轻轻揉面。

将8的面团分成2等份，其中一份放入冰箱冷藏。另一份面团用手轻轻揉捏，当面团略微变软，可以造型时，用擀面杖擀成方便操作的厚度和大小。

10 用擀面杖擀开。

将塑料膜铺在面团上下，左右放上标尺，用擀面杖将面团擀成厚3mm的片。如面变软，可放入冰箱冷却一下。

将塑料膜铺在面团上下，就不用撒干面粉了。避免加入多余面粉，做出的饼干会更美味。

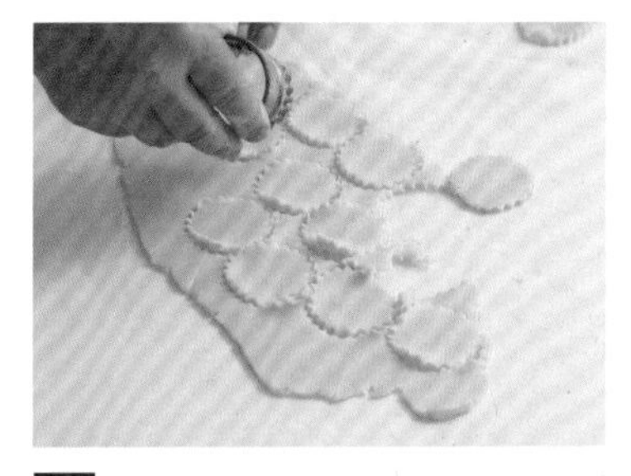

11 用模具压出想要的形状。

用直径4cm的圆形花边模具压出30片面片，为了减少浪费，中间间隔要小一些。将周围多余的面取出，揉到一起。

12 将压好的面片放在烤盘上。

将压好的面片放在2个烤盘上，每个烤盘放15片，注意中间要留有间隔。

放入烤盘的过程中，可以用抹刀辅助，这样就不用担心面片变形了。

13 其中一半继续用模具压成环形。

其中一个烤盘中的15片面片，继续用直径2.5cm的圆形花边模具压成环形。将压好的面片和12的面片连同烤盘一起放入冰箱，醒1小时以上。

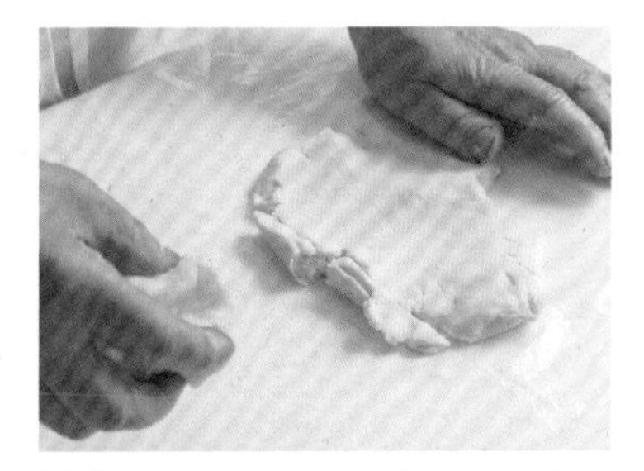

14 将二次面团和一次面团混合到一起。

将11和13中余下的面，跟9的面混合到一起。如果余下的面变得很软，可以放入冰箱冷却一下。

将旧面团跟新面团混合，这样做出的饼干味道更稳定。

15 剩下的面团也用相同的方法造型。

按照同样的方法，将面团擀开，然后压出想要的形状。

剩下的面团，也可以留到下次烘烤。用保鲜膜包住放入冰箱冷藏，可以保存2~3天。放入冷冻室，则可以保存3个月。想烘烤时，可以提前一天放在冷藏室解冻。

16 180℃烘烤。

将烤盘放入预热到180℃的烤箱中，烘烤20分钟左右。烤好后放到冷却架上冷却。

烤好后要确认饼干的颜色和味道。当饼干带有独特的香味且背面也烤成漂亮的焦茶色时，就算烤好了。

17 撒上糖粉，将两片组合到一起。

稍微冷却一会儿，用茶漏在环形饼干上撒一些糖粉，然后将其叠放在圆形饼干上。

18 放上果酱。

将草莓果酱倒入小锅中，开中火加热，沸腾后继续煮一会儿，煮成黏稠状。趁热用茶匙舀出，放在饼干中央。

果酱快煮好时，可以滴到台面上，如果果酱不散开，会形成一层膜，就算煮好了。

用加了蛋白的面糊烤出薄饼，
再趁热用木棒卷成漂亮的烟卷状。

烟卷饼干

Cigarette

将鸡蛋打到碗里，过几天再使用

这款烟卷饼干的面糊质地轻薄，烤出来的饼干口感非常脆，而且带有浓浓的牛奶和黄油味。

制作这款饼干的关键是，蛋白。要将新鲜的鸡蛋打到碗中，放2~3天再使用。在室温下放置，当蛋白变得清爽稀薄的状态时，效果是最好的。

放几天后，使蛋白保持黏稠状态的蛋白质会慢慢减少，表面张力也会减弱。新鲜的蛋白容易膨胀，用它做成的面糊，挤出后不是圆形的，会变成椭圆形或其他形状，状态非常不稳定。**放置一段时间，蛋白会更容易打发，同时也更容易跟粉类混合。挤出来之后，面糊也会很快扩展成薄薄的片状。**烘焙店会根据用途，使用不同状态的蛋白。

烤好后外侧是焦茶色，中央是白色

将烟卷饼干的面糊挤到烤盘上，拿起烤盘在台面上震动几下，使面糊扩展开，然后放入烤箱烘烤。虽然面糊的大小不会特别一致，但这是让面糊变薄的最简单的方法。

烤好后，饼干周围变成焦茶色，但中心是白色的。这是烟卷饼干独有的烘烤方式。除了烟卷饼干之外，也有其他类似的薄饼干，不过其他饼干都是烤成均匀的茶色。这样烤出的饼干质地较硬，是无法卷成烟卷形的。

既然叫烟卷饼干，就要在烤好后趁热用木棒等卷成烟卷形。饼干凉了之后就没法卷了，所以尽量一次就卷成漂亮的形状。这项操作比想象的要费力呢。

材料（55根份）

无盐黄油	100g
糖粉	200g
蛋白	125g（约3½个）
牛奶	60g
低筋面粉	150g
澄清黄油（➡P41）	适量

糖粉可以换成砂糖。蛋白要提前打到碗中，放置2~3天再用。

准备工作

- 蛋白在室温下放置2天左右。
- 将黄油软化（➡P40）。
- 糖粉和低筋面粉分别过筛。
- 烤箱预热到220℃。

需要特别准备的东西

厨房用纸、裱花袋、圆形裱花头（口径10mm）、木棒（直径1~1.5cm）。

烤箱

- 温度/220℃
- 烘烤时间/18~20分钟

最佳食用时间和保存方法

放置一晚后，味道会变得更浓郁，比刚出炉时还好吃。稍微冷却后，连同干燥剂一起放入密封容器里保存，常温下放置即可。这样保存一周左右，味道不会受到影响。

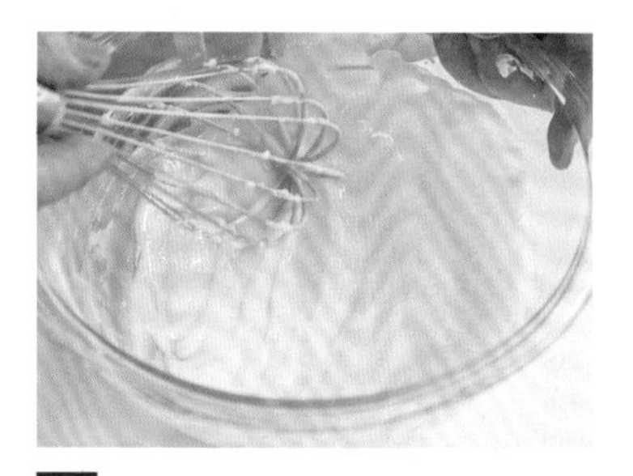

1 将黄油搅拌成奶油状。

用打蛋器将准备好的黄油搅拌成细腻的奶油状。

要像照片所示的一样，将黄油搅拌成细腻柔滑的状态。这样烤出的饼干会更美味。

2 加入糖粉，混合均匀。

一次性加入筛过的糖粉，用打蛋器混合均匀。

3 用打蛋器抵住碗底搅拌。

为了防止空气混入，要用打蛋器抵住碗底搅拌。

烟卷饼干是不需要膨胀的甜点，所以在搅拌过程中尽量不要混入空气。当黄油和糖粉混合得差不多时，用手握住打蛋器根部，抵住碗底慢慢画圈搅拌。

4 分 3 次加入蛋黄，搅拌均匀。

加入1/3的蛋黄，充分搅拌。将剩余蛋黄分2次加入，按照同样的方法拌匀。

这一步并不是“打发”，而是“搅拌均匀”。一次性加入的话，容易分离，所以要分几次加入，慢慢乳化（➡P127）。

5 搅拌好的状态。

加了黄油和蛋白的面糊，要搅拌成细腻柔滑的状态。

6 加入牛奶，搅拌均匀。

加入1/4~1/3的牛奶，搅拌均匀。等牛奶跟其他食材混合均匀后，再加入剩下的牛奶，按照同样的方法混合。

7 检查面糊的状态！

加入牛奶后，搅拌的过程中如果产生分离的情况，可以从材料里抓一小撮低筋面粉，加到面糊里。

这样就不用担心分离，能顺利做出细腻柔滑的面糊了。

8 加入低筋面粉，搅拌均匀。

将筛过的低筋面粉一次性加入碗中，搅拌均匀。

9 搅拌好的状态。

要搅拌成细腻黏稠的状态，抬起打蛋器，面糊会慢慢落下。在室温下静置30分钟，让面糊充分融合。

如果面糊不是这个状态，就无法做出薄薄的饼干。

10 准备好烤盘。

用厨房用纸将温热的澄清黄油涂在烤盘上，薄薄涂一层即可。

如果涂的黄油过多，就会渗入面糊里，烤好的饼干会很油腻。

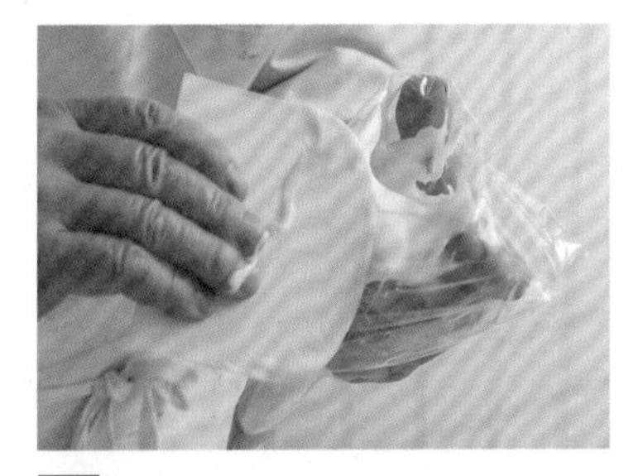

11 将面糊装入裱花袋中。

将圆形裱花头装在裱花袋上，要装得紧一些，防止面糊流出来。然后将9的面糊装入裱花袋里。

12 将面糊挤到烤盘上。

用裱花袋挤出直径3.5~4cm的圆形，每个圆形之间要间隔3cm左右。

13 使面糊扩展开。

拿起烤盘在台面上震动1~2下，使面糊扩展成直径5cm的圆形。

14 220℃烘烤。

将烤盘放入预热到220℃的烤箱中，烘烤18~20分钟。烤好后，外侧是漂亮的焦茶色，中心则是淡淡的奶油色。

15 从烤盘中取出。

戴着手套从烤箱中拿出烤盘，然后立刻取出一片饼干。

烤盘和饼干的温度都很高，容易烫伤，一定要注意安全。如果怕热，也可以用抹刀取出。

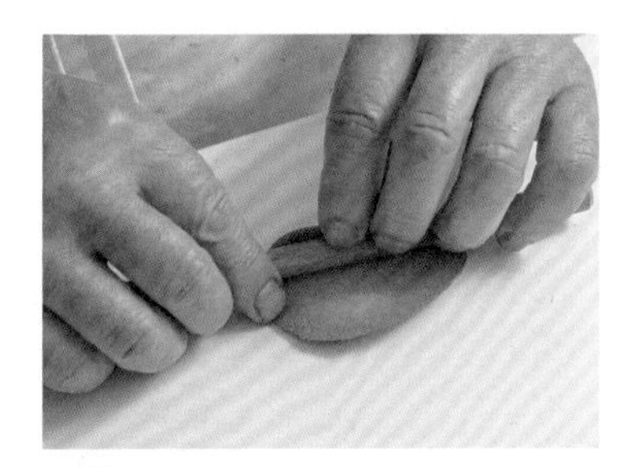

16 用木棒卷成烟卷形。

将饼干背面朝上放在台面上，然后用木棒卷成烟卷形。

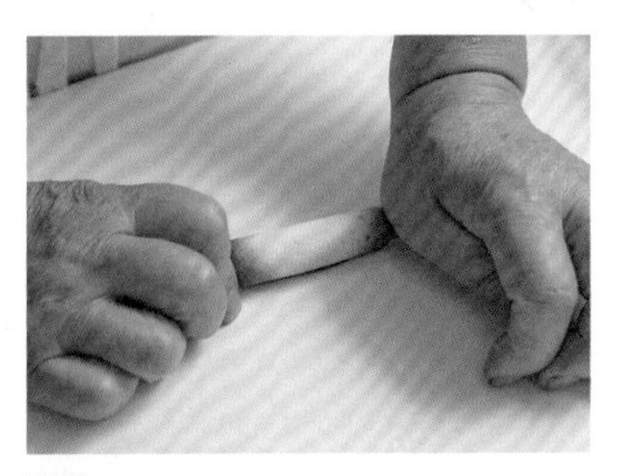

17 调整形状。

卷好后要使劲按一下，调整饼干的形状，然后再取出木棒。反复进行15~16的操作，将剩下的饼干也卷成烟卷形。

如果中途饼干变凉，可以放入留有余热的烤盘中，等饼干变热后再操作。

主厨之声

这个方子中面糊的量至少需要2个烤盘，如果家里有好几个烤盘，可以将面糊都挤到烤盘中，但是烘烤时，要一个烤盘一个烤盘地依次烘烤。剩下的直接在常温下放置即可。如果只有一个烤盘，就要等烤盘完全冷却，再涂上澄清黄油，然后继续下面的操作。

坚果脆饼的特点是脆脆的口感，
所以一定要烤得很脆。

坚果脆饼

Croquant

这款甜点的关键是自制的烤坚果

Croquant在法语中是“脆脆”的意思，所以**这款坚果脆饼一定要烤出脆脆的口感**。将内部也烤成漂亮的焦糖色，才能烤出美味的脆饼。

这款脆饼最大的魅力，是一口咬下去就马上在口中扩散开的坚果味。牙齿和舌头接触到各种各样的坚果，那种绝妙的口感让人欲罢不能。杏仁和榛子，都要用烤箱烘烤过的。

烘烤坚果时，不是直接放进烤箱就可以了。带皮的坚果，无法通过表面判断烘烤状态，要不时取出一粒，掰开后确认是否烤好。右边标注的时间只是一个估算的数值，只要坚果的内部都烤变色了，就算烤好了。

自己烘烤的坚果，跟市面上贩卖的，味道完全不一样。这种用来制作甜点的小材料，都亲自动手做，会让制作甜点的过程变得更有趣。对了，要做出美味的坚果脆饼，一定要买新鲜的坚果哦。

用像烘干一样的方法，进行烘烤

坚果脆饼的制作方法很简单，但最关键的是“烘烤”这一步。为了使脆饼内部也烘烤均匀，要多花一些时间，用像烘干一样的方法烘烤，这样就能得到脆脆的口感了。越是简单朴实的甜点，材料和烘烤方法对口感的影响就越大。

材料（25块份）

杏仁……30g
榛子……20g
开心果……10g
砂糖……150g
低筋面粉……38g
蛋白……38g（约1个）

坚果要尽量选择新鲜的。蛋白要提前打到碗中，放置2~3天再用。

准备工作

- 蛋白在室温下放置2~3天。
- 在烤盘中铺一层烤箱用垫纸（或厨房用纸）。
- 低筋面粉过筛。
- 烤箱预热到170℃。

需要特别准备的东西

烤箱用垫纸（或厨房用纸）、茶匙。

烤箱

烘烤坚果
- 170℃下烘烤13分钟+200℃下烘烤3分钟

烘烤饼干
- 170℃下烘烤30分钟+180℃下烘烤10分钟

最佳食用时间和保存方法

放置一晚后，味道会变得更浓郁，比刚出炉时还好吃。稍微冷却后，连同干燥剂一起放入密封容器里，可以在常温下保存一个月左右。

1 烘烤坚果。

将杏仁和榛子放在烤盘中，一起放入预热到170℃的烤箱中烘烤13分钟，然后将温度调到200℃，再烘烤3分钟。

2 确认烘烤状态。

将杏仁（左边）和榛子（右边）掰开，如果中心也烤成茶色，就算烤好了。烤完坚果，要马上将烤箱温度设置成170℃。

从表面无法判断烘烤状态，一定要掰开确认。当中心也烘烤均匀时，坚果就会有脆脆的口感和香喷喷的味道了。

3 剥去榛子皮。

用手指轻轻剥去榛子皮。

杏仁的皮很好吃，不用特意剥去。但榛子皮不太好消化，一定要全部剥掉。将榛子放在筛子上滚一下，就能轻松地剥下来了。

4 将坚果切成碎块。

将2的杏仁、3的榛子和开心果一起放到台面上，用刀切成碎块。

5 切完的状态。

为了保留每种坚果的口感和味道，不要切得太碎。

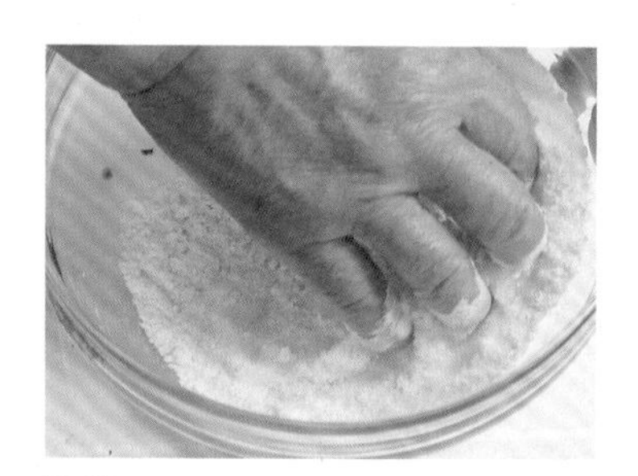

6 将砂糖和低筋面粉混合到一起。

将砂糖和筛过的低筋面粉倒入碗中，用手混合均匀。

7 加入坚果，混合均匀。

将5的坚果加入碗中，用硅胶铲搅拌均匀。

8 加入蛋白，混合均匀。

加入蛋白，从碗底向上搅拌。

9 搅拌到看不见干粉为止。

一直搅拌到看不见干粉为止。

10 将面糊放在烤盘上。

用茶匙等工具将9的面糊放在准备好的烤盘上，面糊直径为3cm左右。

烘烤过程中，面糊会自己扩展开，所以每个面糊之间要留出5cm的空隙。

11 170℃烘烤。

将烤盘放入预热到170℃的烤箱中，烘烤30分钟，然后将温度调到180℃，再烘烤10分钟。

这个方子中面糊的量至少需要2个烤盘，面糊常温放置也不会变质，所以最好一个烤盘一个烤盘地依次烘烤。

12 确认烘烤状态。

表面变干，摸起来是比较硬的手感，就算烤好了。这时水分已经完全蒸发，掰开时会有咔嚓咔嚓的声音。

13 背面也确认一下。

确认背面是否也烤成茶色，然后放到冷却架上冷却。

主厨之声

除了坚果，这款饼干里没加任何油脂，所以不容易氧化，能保存一个月左右。可以一次多做一些，放入密封容器里保存。

CHECK

截面 面糊在烘烤过程中会扩展开，但却不会膨胀。中心也烤成焦糖色，口感干脆，味道非常特别。

加了蜂蜜和香料，味道很特别。

阿尔萨斯风香料饼干

Pain d'épices d'Alsace

提到“Pain depices”这个词，很多人会想到源自法国勃艮第地区第戎市的特色香料蛋糕。其实，在与瑞士、德国等国家接壤的阿尔萨斯地区，也流传着一种名叫“Pain depices”的甜点，不是蛋糕，而是饼干。下面要给大家介绍的就是这款阿尔萨斯风的香料饼干。这是12月6日的圣尼古拉节中必不可少的甜点，人们将它做成各种造型，既可以食用，也可以当装饰。**紧实的口感和咀嚼时扩散到口中的浓郁香味，是这款甜点的特征，**因为制作面团时加了蜂蜜和香料。

在阿尔萨斯，人们用的模具都是很有神话色彩的形状，所以我也模仿着用了各种各样的小模具，其实用什么模具都可以，大家可以自由选择。这款饼干也没加油脂，可以保存几个月。放置一段时间后，饼干的味道会产生一些微妙的变化，希望大家可以好好感受这些变化。

材料（30块份）

Ⓐ
- 蜂蜜…………………… 125g
- 砂糖…………………… 125g
- 牛奶…………………… 22g

低筋面粉………………… 250g

Ⓑ
- 肉桂粉…………………… 1g
- 茴香粉…………………… 3g
- 丁香粉…………………… 3g
- 肉豆蔻粉………………… 3g
- 小苏打…………………… 1g

杏仁片…………………… 62g

柠檬皮屑（将黄色部分磨碎）……………………1/4个份

苦杏仁精……………… 12g

樱桃酒………………… 22g

全蛋液………………… 适量

干面粉（高筋面粉）… 适量

蜂蜜可以按照自己的喜好选择。我制作时使用的是洋槐蜂蜜。如果没有苦杏仁精，也可以不放。樱桃酒就是用樱桃做成的蒸馏酒。

准备工作

- 将Ⓑ的材料混合到一起。
- 在烤盘中铺一层烤箱用垫纸（或厨房用纸）。
- 烤箱预热到170℃。

需要特别准备的东西

锅、刮板、塑料袋（有一定厚度的大号塑料袋）、擀面杖、厚5mm的标尺2根（或者是同样厚度的木条）、模具（直径4~5cm的任意模具）、抹刀、刷子、烤箱用垫纸（或厨房用纸）、冷却架。

烤箱

- 温度/170℃
- 烘烤时间/15分钟

最佳食用时间和保存方法

放置2~3天后，会比刚出炉时还好吃。连同干燥剂一起放入密封容器里，可以在常温下保存3~4个月。

1 制作糖液。

将Ⓐ倒入锅中，开火加热至沸腾，然后在室温下放置1小时左右，让糖液充分冷却。

将蜂蜜和砂糖一起加热至沸腾，这样两者就能完全融合到一起了。

2 将面粉和香料混合到一起。

用筛子将低筋面粉筛到台面上。在中央做出一个小坑，将Ⓑ倒在里面，用手轻轻混合。然后再加入杏仁片、柠檬皮屑、苦杏仁精和樱桃酒，用手轻轻混合均匀。

3 加入糖液。

将冷却的1加入2中，先用一只手揉到一起，再用两只手混合均匀。

这步操作更适合在台面上进行。刚开始会有点黏，所以先用一只手揉到一起，这样效率比较高。

4 用手掌揉面。

用手掌不断按压揉面，直到糖液与其他材料混合均匀为止。

5 将面集中到一起。

用刮板将面集中到一起，揉成一个面团。粘在台面上的也要弄干净。

6 将粘在手上的面也刮下来。

将粘在手上的面也仔细刮下来，放入面团中。如果面总是粘到台面上，可以撒一些干面粉。

P30继续

7 检查面团状态！

手上沾一些干面粉，在面团表面轻轻按2~3次，再将表面抹平。观察面团状态，看看材料是否混合均匀、是否有残留的干面粉，如果有，就重新揉一遍。

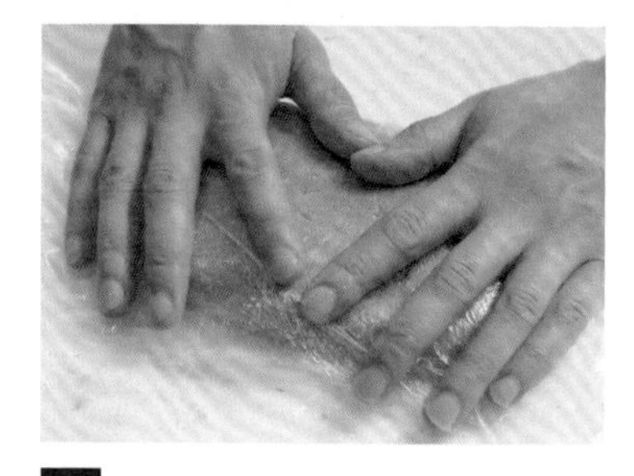

8 醒12小时。

将7的面团按压到同样的厚度，包上塑料袋，放入冰箱醒12小时以上。

经过12小时，糖液、香料和粉类就能彻底融合。

9 从冰箱中取出，揉面。

在台面上撒一些干面粉。将8从冰箱中取出，用手轻轻揉捏，当面团变成可以造型的硬度时，将其擀成长方形。这时，将烤箱预热到170℃。

10 将面团擀成厚5mm的片。

在9的面团两侧放上标尺，用擀面杖擀成厚5mm的片。如果怕粘，可以在面团表面、台面和擀面杖上撒一些干面粉。

也可以将塑料袋铺在面团上下，然后用擀面杖擀开。

11 改变方向后继续擀。

擀到一定程度时，将面卷在擀面杖上，上下调转方向后继续擀。

12 擀好的状态。

边缘也要擀成同样的厚度。

13 在模具上撒一些干面粉。

准备好喜欢的模具，在上面撒一些干面粉。

撒上干面粉，面就不容易粘在模具上，压的时候会更轻松。

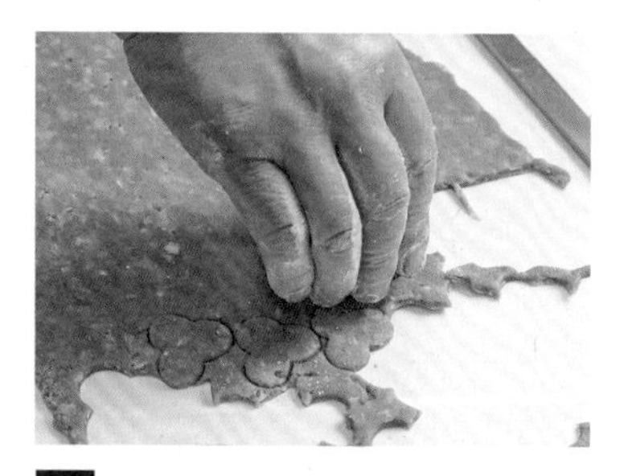

14 压出自己喜欢的形状。

压出自己喜欢的形状，为了不浪费面，中间的间隔要小一些。

面的质地较软，压好后要用抹刀转移到烤盘上。

15 表面涂蛋液。

将14中的面放到烤盘上，中间要留有间隔，用刷子在表面刷一层蛋液。

16 170℃烘烤。

将烤盘放入预热到170℃的烤箱中，烘烤15分钟左右。烤好后放到冷却架上冷却。

CHECK

截面 横截面质地较粗糙，看起来似乎很酥脆，但其实口感比想象的更坚硬、紧实。

主厨之声

这款饼干中加入了大量的砂糖和蜂蜜，制作面团的过程中会非常粘手。如果在碗里操作，揉面时很不方便，所以选择在台面上进行。手上先沾一些干面粉，用一只手混合食材，另一只手拿着刮板进行辅助。

关于“用心烘烤”这件事

关于烘烤的方法和温度，基本已经有一定的规律可循了。比如蛋糕要在170~180℃之间慢慢烘烤、泡芙类面团要在200℃烘烤等等。但烘烤时，并非设定好时间和温度，就可以完全不管了。好不容易做出的面团或面糊，一定要用心烘烤才行。要不断地探索，直到烤出让自己满意的颜色、味道和口感。这样，一个小小的手作甜点，就能表达出制作人的感情和心意。

烘烤得最漂亮的颜色是“cuite d’or”，也就是金黄色。在法国，所有的甜点都是以烤成金黄色为目标的。在烘烤过程中，热量将糖分逼到表面，糖分焦糖化后，就变成了看起来非常美味的金黄色。

我在刚开始使用一种烤箱时，即使是家庭用烤箱，也需要花费大量心思。所以，放入烤箱后，绝对不能置之不理，而是应该不时用眼睛观察烘烤情况、用鼻子闻烘烤时散发的香味，然后在大脑中想象甜点烤好的样子。

在设定的时间快到前，就要看看甜点的颜色，从手感、背面的烘烤情况等，来判断是否烤好。这是烤出美味甜点的最好方法。

家庭用烤箱一般都有规律可循，在烤沙布列等甜点时可以观察一下，哪里的颜色最深，下次烘烤完成前，可以通过调转烤盘方向，使整体烤色变得更均匀。

“在烤箱中烘烤”是让面膨胀、凝固，最后烤出漂亮颜色的过程。不过，其中还有一个“变干”的要素，一定不能忽略。烤好后，要稍微放一会儿，让甜点变干。多了这一个小步骤，就能让你的“烘烤”效果大有不同。

观察是否充分膨胀。

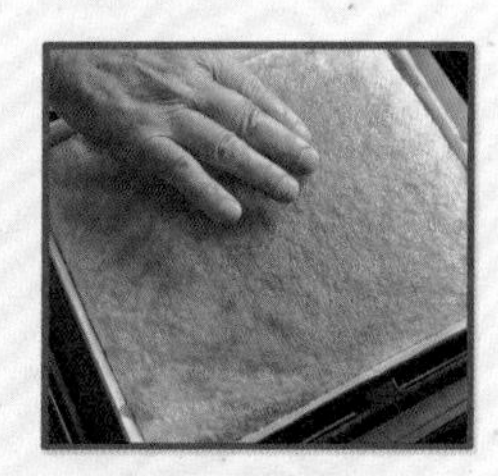

根据手感确认是否烤好。

观察背面，看看是否达到自己想要的效果。

用鼻子闻甜点的香味，来确认烘烤情况。

4种材料分量完全一致，
是黄油蛋糕中最基本的一款。

四合蛋糕

Quatre-Quarts

先称量带壳鸡蛋，再准备其他材料

黄油、砂糖、鸡蛋和面粉，这4种材料分量完全一致，且各占整体分量的1/4，所以被称成四合蛋糕。很久以前，人们都用天平称量食材。现在制作这款蛋糕时，**要先称量带壳的鸡蛋，然后按照鸡蛋的重量准备其他食材。**以右侧的材料表举例说明，称量3个带壳鸡蛋重量为189g，所以其他主材料也准备了189g。

制作这款蛋糕时，要将变软的黄油搅拌成发胶状。发胶状这个词好像不太普及，也可以叫奶油状。搅拌黄油时，我是直接从冰箱中取出，放进碗里，然后放到燃气炉上稍微加热一下再搅拌。黄油在室温下慢慢升温，会因为氧化而产生一种味道（➜P40），我不太喜欢。用燃气炉加热的方法需要特别熟练的技巧，大家可以用微波炉或隔水加热（➜P91）的方法。**重要的是，在短时间内让黄油变软。**

让空气混入黄油中，使其充分乳化

用打蛋器将变软的黄油搅拌成奶油状之后，一口气加入所有砂糖。然后握住打蛋器，用力搅拌，使空气混入黄油中。加入砂糖的瞬间，黄油中的水分被迅速吸收，所以质地会稍微变硬，但搅拌一会儿又会恢复如初。要让空气混入黄油中，搅拌成蓬松发白的状态。黄油里的气泡能使烤出的蛋糕更蓬松细腻。

制作这款面糊的关键是“乳化（➜P127）”。乳化是烘焙店制作甜点常用的方法之一。乳化过程中一定要小心，不能产生分离现象。

材料（直径16cm模具2个份）

鸡蛋	3个（带壳重189g）
砂糖	189g
无盐黄油	189g
低筋面粉	189g
泡打粉	1g
澄清黄油（➜P41）	适量

泡打粉是家庭烘焙的常用材料之一。如果家里没有泡打粉，可以不放，只是蛋糕的膨胀度会减少一些。

准备工作

- ◉ 将黄油软化（➜P40）。
- ◉ 鸡蛋恢复到室温。
- ◉ 低筋面粉和泡打粉一起过筛。
- ◉ 烤箱预热到180℃。

需要特别准备的东西

直径16cm的花型模具（圆形或长方形模具也可以）、刷子、手套、冷却架。

烤箱

- ◉ 温度/180℃
- ◉ 烘烤时间/35~40分钟

最佳食用时间和保存方法

放置半天后，口感会更紧实，同时黄油的香味也会散发出来。为了防止变干，要包上保鲜膜。在室温下可以保存4~5天。稍微有点变干时，可以切成薄片，这样吃起来也很美味。

1 在模具上涂一层澄清黄油。

用刷子在模具上涂一层温热的澄清黄油。花型模具的凹陷处也要仔细涂好。

如果模具是马口铁材质的，涂完澄清黄油后要放入冰箱冷藏一会儿。等黄油凝固后再撒一些高筋面粉，摇晃几下使高筋面粉均匀分布在模具上，然后倒掉多余面粉。

2 将黄油和砂糖混合均匀。

用打蛋器将准备好的黄油搅拌成细腻柔滑的奶油状，加入砂糖，搅拌均匀。

搅拌时要让空气进入黄油中，然后一直搅拌到蓬松发白的状态为止。

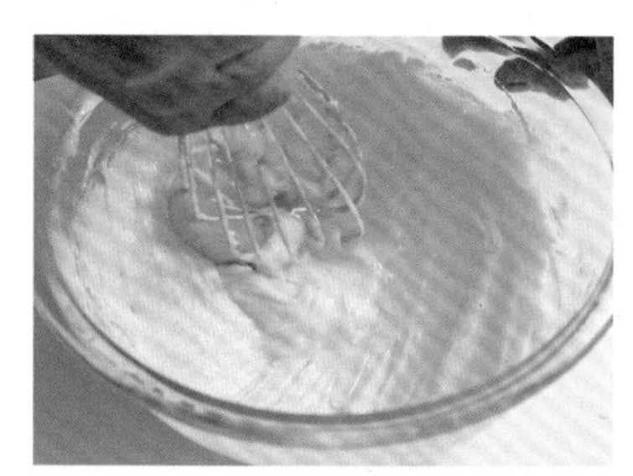

3 加入1个鸡蛋，搅拌均匀。

加入1个恢复到室温的鸡蛋，大力搅拌，直到鸡蛋与黄油充分混合为止。

刚开始搅拌时，看起来有点像分离的状态，不过没关系，搅拌一会儿就能混合均匀了。这就是乳化（➡P127）的状态。

4 加入剩余鸡蛋，搅拌均匀。

将剩下的鸡蛋也依次加入碗中，按照与3相同的方法搅拌。

一定要等前面的鸡蛋完全乳化后，再加入下一个鸡蛋。还有，鸡蛋要跟黄油保持一样的温度。两者有一个温度过低，都可能导致搅拌不均。

5 检查面糊状态！

将3个鸡蛋都加入4后，要观察面糊状态，看看是否有分离现象。

鸡蛋有七成以上是水，因此黄油和鸡蛋是油和水的关系。如果怎么搅拌也无法乳化，就有可能出现分离现象。

6 如果出现分离现象，可以加少量面粉。

如果怎么搅拌都无法乳化，可以抓一些筛好的面粉，加入碗中。

7 搅拌成没有干粉的状态。

一直搅拌到看不见干面粉为止。这时面糊是细腻柔滑的状态。

面粉能吸收水分，这样就不容易分离了。

8 加入粉类，搅拌均匀。

将沾在打蛋器上的面糊取下来，放回碗中，然后换成硅胶铲。将筛过的粉类一次性加入。

加面粉时要不停搅拌，这时可以两个人配合操作。

9 从底部向上搅拌。

一只手转动碗，另一只手用硅胶铲从底部向上搅拌。

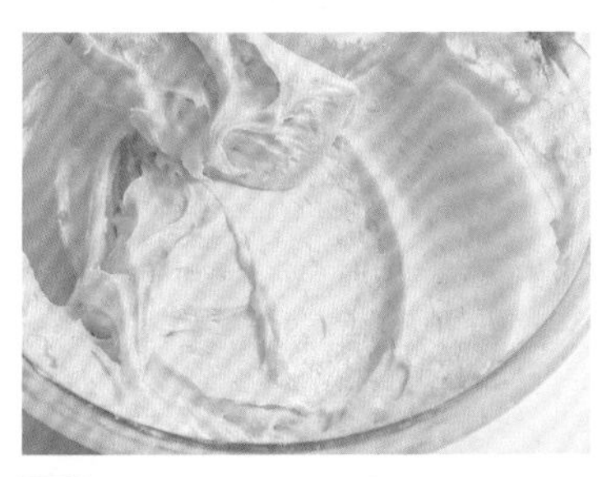

10 搅拌完的状态。

当搅拌成看不见干粉、细腻柔滑的状态时，就算可以了。

如果有干粉残留，就要一直搅拌。

11 倒入模具里。

将10中的面糊分别倒入准备好的两个模具中。

这款面糊没有进行打发，倒的时候不用在意气泡，用刮板舀起来一下倒入模具中即可。

12 让面糊充满模具。

轻轻摇晃模具，让面糊充满模具的每个角落。

13 去除气泡。

拿起模具，在台面上轻轻震几下，让面糊充满模具，同时去除气泡。

14 180℃烘烤。

将模具放入预热到180℃的烤箱中，烘烤35~40分钟。

如果无法一次烤两个，其中一个要放入冰箱冷藏。面糊在冷藏的情况下，可以保存1~2天。

15 确认烘烤状态。

用手指按一下蛋糕中央，如果蛋糕有弹性，就算烤好了。如果没烤好，也无法挽回了。

不要用竹扦扎哦！观察烤色，再通过手感就能确认烘烤状态。按的手感是确认烘烤状态最好的方法。

16 将蛋糕重重放到台面上。

戴着手套取出烤好的蛋糕，从离台面10cm的位置将蛋糕重重放下，重复2次。

这一步是为了去除蛋糕和模具底部之间残留的气体。去除气体后，蛋糕会变得更美味。

17 脱模，放在冷却架上冷却。

脱模后将蛋糕放在冷却架上冷却，带有花纹那一面朝上放置。

截面 看起来紧实而富有弹性，外侧烤成了漂亮的茶色。能够烤得如此蓬松，要归功于将空气混入黄油这一步。

用充分打发的蛋白糖霜，
做出松软的双色黄油蛋糕。

大理石蛋糕

Cake marbre

蛋黄和蛋白要分开加入

同样是黄油蛋糕，制作方法不同，最后的膨胀程度和口感会千差万别。前面介绍的“四合蛋糕（➡P33）”，是将整个鸡蛋加入搅拌成奶油状的黄油里，而接下来这款蛋糕，则要将蛋黄和蛋白分别打发，然后做出漂亮的大理石花纹。

制作面糊的关键跟四合蛋糕一样，都是**让鸡蛋和混入空气的黄油充分乳化（➡P127）**。如果将整只鸡蛋加入，就要采用少量分批的方式，让鸡蛋慢慢乳化。而分别打发时，要先加入容易乳化的蛋黄，然后加入打发好的蛋白糖霜，这样就不用担心分离了。

制作细腻的硬质蛋白糖霜

要将蛋白打发成即使与富含油脂的巧克力混合，**气泡也不会消失的硬质蛋白糖霜**。质地细腻富有光泽，抬起搅拌头后形成一个尖角，才是理想状态。使用普通打蛋器，搅拌的力道和速度不均，会导致无法产生细腻均匀的泡，所以一定要用电动打蛋器搅拌。另外，徒手将4个鸡蛋的蛋白打发，也太费力了。

制作硬质蛋白糖霜，**加入砂糖的时机也很关键**。如果蛋白还没开始起泡，肯定是为时过早。气泡很大时，也不能加入，否则只能做出软塌塌的蛋白糖霜。一定要等气泡变细腻，整体呈现发白的状态时，再加入砂糖。然后用高速挡一口气打发。

用分别打发法做出的蛋糕，因为融入了蛋白糖霜中的空气，口感会更加轻盈松软。

材料（18cm×8cm×6.5cm的磅蛋糕模具2个份）

无盐黄油……175g
砂糖……105g
蛋黄……4个
牛奶……88g
低筋面粉……175g
泡打粉……2g
◘蛋白糖霜
- 蛋白……4个份
- 砂糖……30g

考维曲巧克力（可可含量56%）……70g
澄清黄油（➡P41）……适量

考维曲巧克力是烘焙专用巧克力。跟普通的板状巧克力相比，考维曲巧克力质地更细腻，味道也更浓郁。制作时使用了法芙娜公司的圆片型巧克力。推荐使用可可含量少、口味较甜的巧克力。

准备工作

- 将黄油软化（➡P40）。
- 鸡蛋恢复到室温。
- 巧克力用隔水加热的方法熔化（➡P91）。
- 低筋面粉和泡打粉一起过筛。
- 烤箱预热到180℃。

需要特别准备的东西

2个18cm×8cm×6.5cm的磅蛋糕模具、刷子、手持式打蛋器、温度计、竹扦、手套、冷却架。

烤箱

◉ 温度/180℃ ◉ 烘烤时间/30分钟

最佳食用时间和保存方法

烤好后，放到第二天会更好吃。为了防止变干，要包上保鲜膜。在室温下可以保存1周左右。

1 在模具上涂一层澄清黄油。

用刷子在模具中涂一层温热的澄清黄油。边角部分也要仔细涂好。

如果澄清黄油不是温热的状态，就很难涂均。

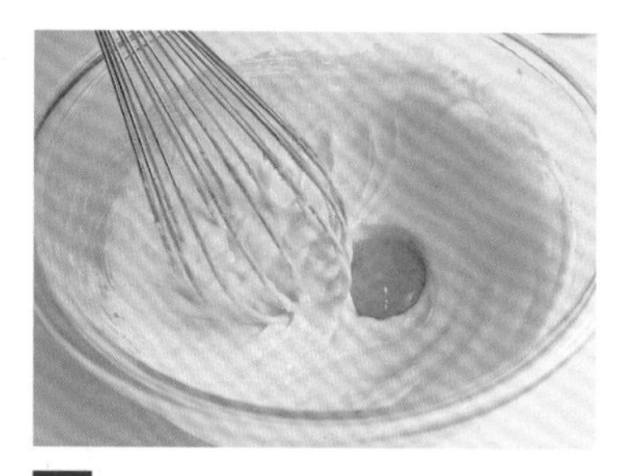

2 将黄油、砂糖和蛋黄混合。

用打蛋器将准备好的黄油搅拌成奶油状。加入砂糖，充分搅拌，使空气混入黄油中。搅拌成蓬松发白的状态时，加入1个蛋黄，搅拌均匀。按照同样方法，加入剩下的3个蛋黄。

3 加入牛奶。

分2~3次加入牛奶，搅拌均匀。

加入巧克力，面糊会变硬。加入牛奶，面糊反而会变轻盈。

4 检查面糊状态!

加入牛奶后，观察面糊状态，看看是否产生分离现象。

牛奶中大部分是水分，所以很难乳化。

5 加一小撮筛过的粉类。

如果怎么搅拌都无法乳化，可以加一小撮筛过的粉类，然后继续搅拌。

当牛奶无法跟其他材料融合时，就会产生分离现象，这时加一些粉类可以吸收水分，让食材更好地融合。

6 加入粉类，搅拌均匀。

将沾在打蛋器上的面糊取下来，放回碗中。将筛过的粉类一次性加入。加粉类时，要一只手转动碗，另一只手用硅胶铲从底部向上搅拌。

加面粉时要不停搅拌，这时可以两个人配合操作。

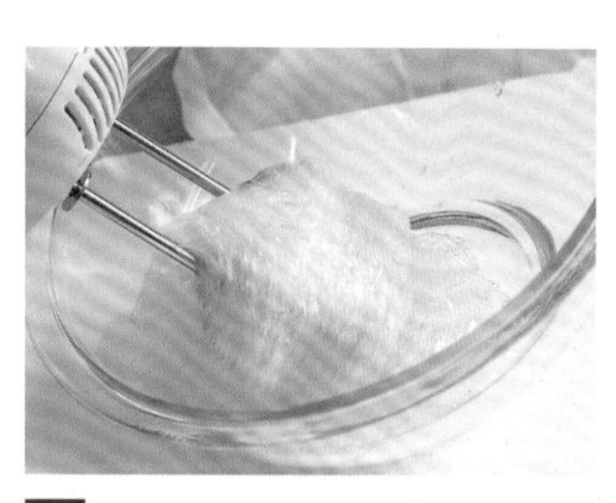

7 将蛋白打出气泡。

将蛋白倒入碗中，用手持式打蛋器的低速挡将蛋白打散，再调成中速，将蛋白打出气泡。

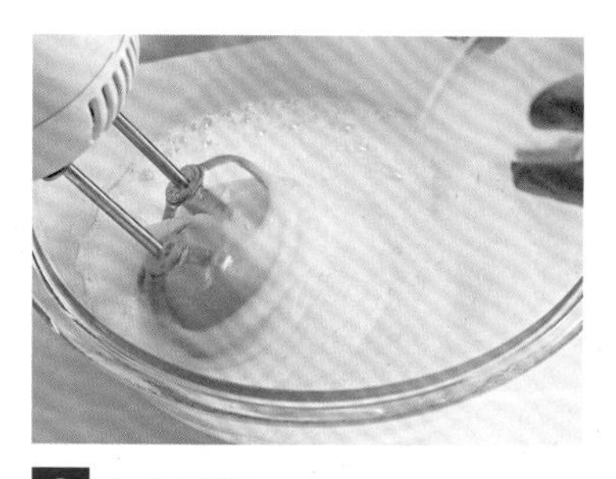

8 加入砂糖。

当蛋白内的气泡变细，整体呈现发白的状态时，加入砂糖，用高速挡打发。

加入砂糖的时机非常关键。在气泡较大时加入，打出的蛋白糖霜会不稳定。

9 打发成硬质的蛋白糖霜。

打发成有光泽，能立起尖角的硬质糖霜。

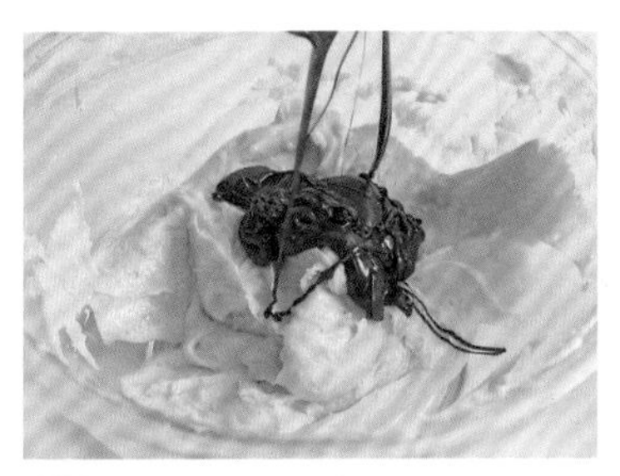

10 将面糊分开，其中一份加入巧克力。

将6的面糊分成2等份，分别放入不同的碗中。其中一份加入提前熔化好的巧克力。

巧克力与面糊混合时，为了防止凝固，要加热到35℃左右。

11 制作巧克力面糊。

用硅胶铲搅拌均匀。

12 加入蛋白糖霜。

将55%的蛋白糖霜加入巧克力面糊里，剩下的45%加入原味面糊里，然后分别搅拌成细腻有光泽的状态。

巧克力面糊比原味面糊分量更多，所以要多加一些蛋白糖霜。

13 搅拌好的状态。

当看不见白色的蛋白糖霜时，就算搅拌好了。

搅拌时手法不能太轻。不要害怕，只有用力搅拌才能让蛋白糖霜与面糊充分混合。

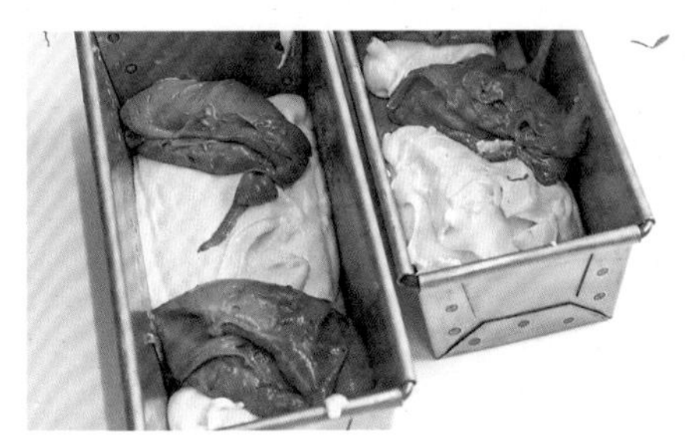

14 倒入模具中。

用硅胶铲将13中的两种面糊交替着倒入准备好的模具中。

15 制作大理石花纹。

用竹扦搅拌面糊，制作出漂亮的大理石花纹。

不要搅拌过头，否则就无法做出漂亮的花纹了。

16 180℃烘烤。

将模具放入预热到180℃的烤箱中，烘烤30分钟左右。戴着手套取出烤好的蛋糕，从离台面10cm的位置将蛋糕重重放下，重复2次。脱模后放在冷却架上冷却。

观察裂开的部分是否变色，再用手按一下蛋糕，如果有弹性，就说明烤好了。

CHECK

截面 切开后是漂亮的大理石花纹。制作时使用了蛋白糖霜，口感非常松软。

富有变化的食材 ❶

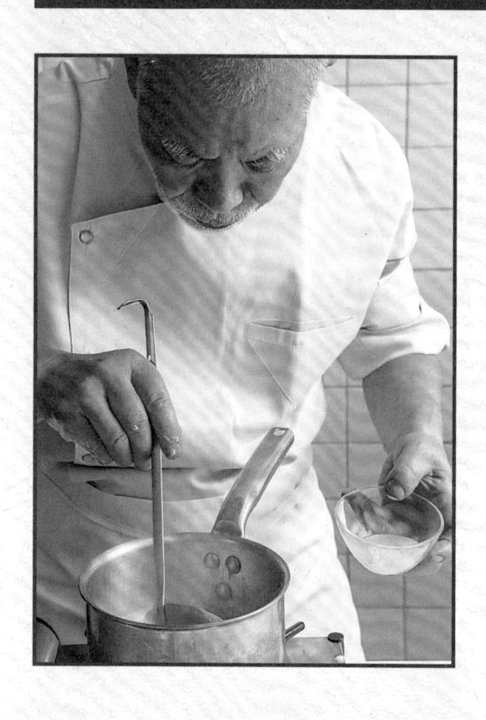

黄油

Beurre

天然黄油带有一种独特的香味，这一点是人造黄油、起酥油这类植物性油脂无法相比的。

在烘焙中，黄油的使用方法有很多，可以保持冷藏状态直接与粉类混合，也可以等变软后与鸡蛋和砂糖混合，还可以熔化成液体加入面糊里。由此可见，是否能做出自己想要的甜点，就要看能否很好地控制黄油的状态。

黄油一旦熔化，水分和脂肪球就会分离，即使再凝固到一起，也无法恢复原状，香味和口感必然受到损失。所以保存黄油时的温度管理非常关键。

改变黄油的状态。

黄油被搅拌成细腻的奶油状之后，就会带有吸收空气的特性。

制作沙布列和四合蛋糕时，正是利用了黄油的这种特性。

■ 冷藏后直接使用

从冰箱中取出块状黄油，然后直接使用。

制作杏仁沙布列时一定要用冷藏过的黄油。要提前切好需要的大小，一直放在冰箱中冷藏，到使用的那一刻再拿出来。

■ 将黄油软化

将黄油从冰箱中取出后，切成合适的大小，放入碗中。底部用燃气炉加热，同时用打蛋器不断搅拌。

为了避免黄油氧化后产生不好的味道，可以在火上加热，使其迅速软化。不过这个方法需要熟练的技巧，而且容易烫伤。还有另一种比较适合家庭烘焙的方法，就是将黄油切成厚1cm的片状，然后放入微波炉，以10秒为单位加热，直到黄油软化为止。

■ 搅拌成奶油状

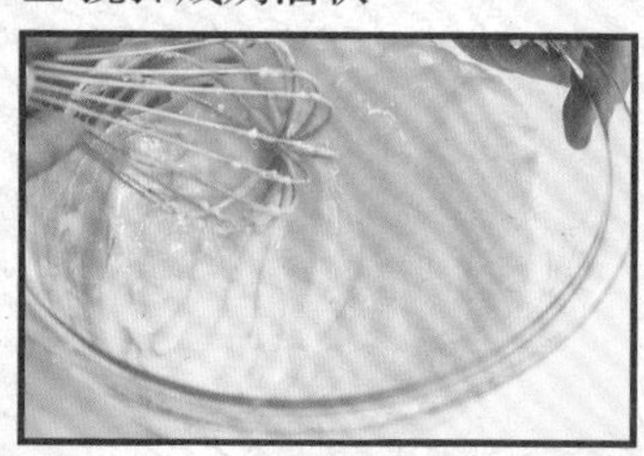

黄油软化后，用打蛋器搅拌成细腻柔滑的奶油状。

我喜欢将其称之为发胶状，但现在有很多人不理解这个词的意思。其实就是指有光泽的奶油状。

加热黄油，使其熔化。

随着温度上升，黄油的状态也会跟着改变，是一种可塑性很强的食材。

加热的同时，黄油的味道和形状都会产生变化，要充分利用这种变化，做出自己想要的甜点。

1 将黄油从冰箱中取出，切成适当的大小，放入锅中，开中火加热。

2 用打蛋器不断搅拌，使黄油熔化。

3 当黄油完全熔化且泡沫消失时，就算做好了。如果想要澄清黄油，要继续加热。

■熔化黄油

制作贝壳蛋糕和杰诺瓦士海绵蛋糕要使用这种熔化的黄油。这种黄油能让蛋糕拥有独特的香味。

4 继续加热，黄油会分成3层。表面的白色泡泡是浮沫，沉到底部的是乳浆（水分、蛋白质、糖等）。

5 撇开表面的浮沫，轻轻舀出澄清的黄色液体。

往表面轻轻吹一口气，浮沫就会散开，这样舀的时候就更方便了。

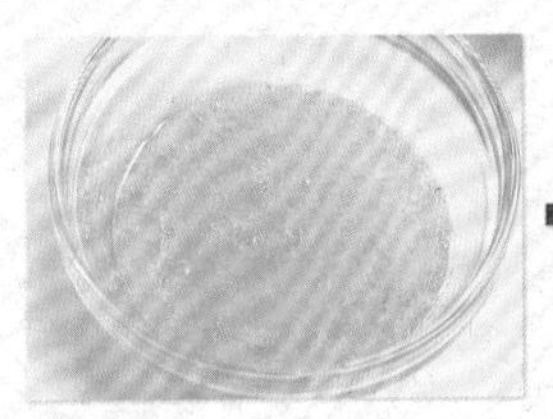

6 取出澄澈透明的液体，就是澄清黄油。冷却后，油脂会完全分离。如果需要焦化黄油，可以继续加热。

■澄清黄油

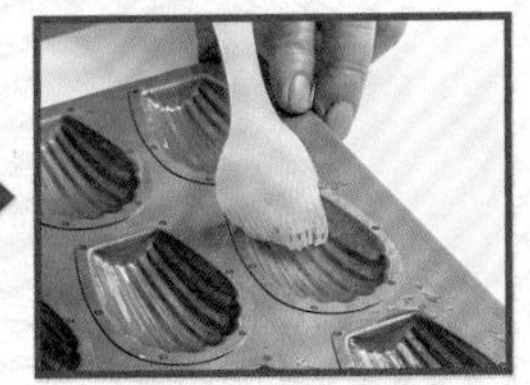

澄清黄油的味道较淡，不会对甜点产生影响，所以适合涂在模具上。也可以用来煎鸡肉和鱼。

7 黄油渐渐变成茶色，同时散发出香香的味道。当变成深棕色时，关火。加热时旁边要放一块湿抹布，如果黄油快烧焦了，可以将锅放在上面稍稍冷却。

8 用网眼比较细的筛子过滤，将烧焦的乳浆和浮沫滤掉。

如果使用加了盐的黄油，盐分会先烧焦，味道就会变差。所以一定要用无盐黄油。

9 放到冰上冷却。这样焦化黄油就做好了。

做好后要马上放到冰上冷却，否则味道就会继续变化。

■焦化黄油

漂亮的深棕色和浓郁的香味是焦化黄油的特征。制作费南雪蛋糕、周末柠檬蛋糕时会用到焦化黄油。

手作蛋糕独有的湿润口感。
中间凸起的“肚脐”是这款蛋糕的特点。

玛德琳蛋糕

Madeleine

用普通打蛋器将鸡蛋打发

玛德琳蛋糕的方子有很多，我的店里使用的是将蛋黄和蛋白分别打发的方法。但是这种方法需要严格的温度管理，还要提前一天准备好面糊，操作起来相对麻烦一些。所以这次给大家介绍一个更适合家庭烘焙的方子，只需醒面1小时，而且绝对不会失败。不过，这个方子做出的蛋糕容易变干，要尽量在做好的当天吃完。

将黄油熔化后，加入鸡蛋和砂糖，然后打发。鸡蛋打发的方式跟“周末柠檬蛋糕”（➡P50）一样，不过我希望玛德琳蛋糕更有弹性一些，就不用特意打发成蓬松的状态了。因此，打发过程中使用的是普通的打蛋器。**抬起打蛋器时，面糊迅速落下，就算可以了。**

在各种因素的作用下，才会形成中央的凸起

表面上像肚脐一样的凸起是玛德琳蛋糕的特征之一。出现这种现象，是由很多种因素造成的。**除了使用贝壳形的模具之外，制作面糊的步骤和方法也要有一些讲究。**

将盛有面糊的模具放入高温的烤箱中，靠近模具的外侧率先凝固，在表面形成一层薄皮。这时，模具中央较深的部分还残留着未凝固的面糊，在泡打粉的作用下，这些面糊迅速膨胀，就形成了一个像肚脐一样的凸起。

在烘烤完成前，这些凸起会一个一个地冒出来，观察这个过程真是非常有趣。

材料（长约7.5cm的贝壳模具15个份）

材料	用量
鸡蛋	2个
砂糖	90g
低筋面粉	140g
泡打粉	7g
蜂蜜	20g
无盐黄油	100g
柠檬	1/2个
澄清黄油（➡P41）	适量

蜂蜜可以选择自己喜欢的。

准备工作

◉ 鸡蛋恢复到室温。
◉ 低筋面粉和泡打粉一起过筛。
◉ 烤箱预热到220℃。

需要特别准备的东西

长7.5cm的贝壳模具15个（制作时使用了2片有9个贝壳的模具）、刷子、小锅、刨丝器、温度计、裱花袋、圆形裱花头（口径10mm）、手套、冷却架

烤箱

◉ 温度/220℃
◉ 烘烤时间/12分钟

最佳食用时间和保存方法

冷却后放置1~2小时是最美味的时候。用保鲜膜单个包好，跟干燥剂一起放入密封袋里，可以在常温下保存4~5天。不过，最好在第二天就全部吃完。

1 在模具上涂一层澄清黄油。

用刷子在模具上涂一层温热的澄清黄油。贝壳的凹陷处也要仔细涂好。

2 制作熔化黄油。

将黄油从冰箱中取出，切成适当的大小，放入锅中，开中火加热。用打蛋器不断搅拌，使黄油熔化。当黄油完全熔化时，关火。

3 刨柠檬皮。

用刨丝器刨下黄色的柠檬皮。残留在刨丝器上的柠檬皮也要用刷子刷到碗里。

刨皮的时候只能刨黄色部分，白色部分带有苦味，会对蛋糕的味道产生影响，一定要多加注意。

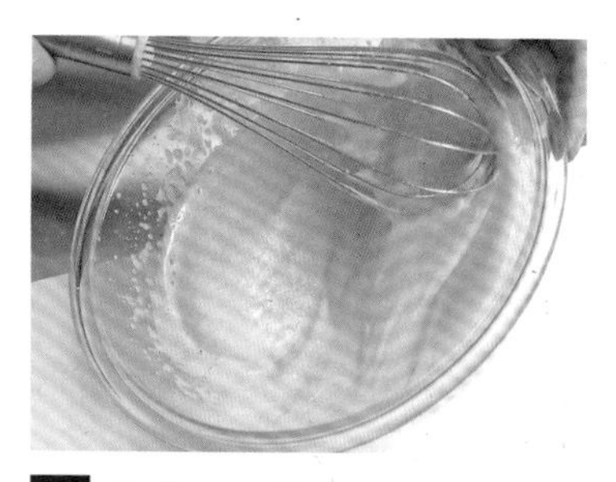

4 将鸡蛋和砂糖混合到一起。

将鸡蛋和砂糖倒入碗中，用打蛋器不停搅拌，一直搅拌到蓬松发白的状态为止。

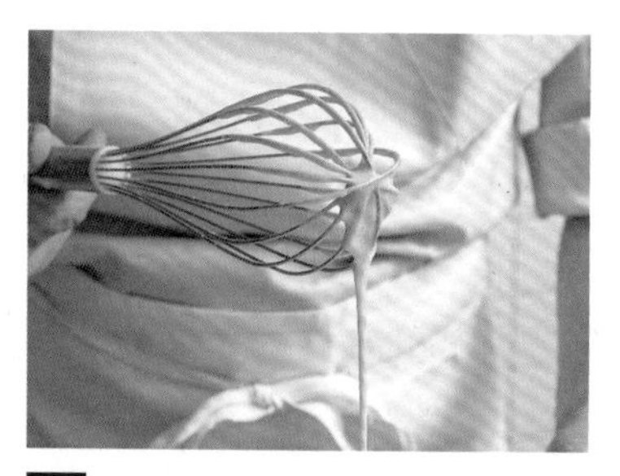

5 搅拌好的状态。

拿起打蛋器，面糊迅速流下，就算搅拌好了。

6 加入粉类，搅拌均匀。

一次性加入筛过的粉类，用硅胶铲从底部向上搅拌。

之后还要加入其他材料，所以这一步不用搅拌得很均匀。

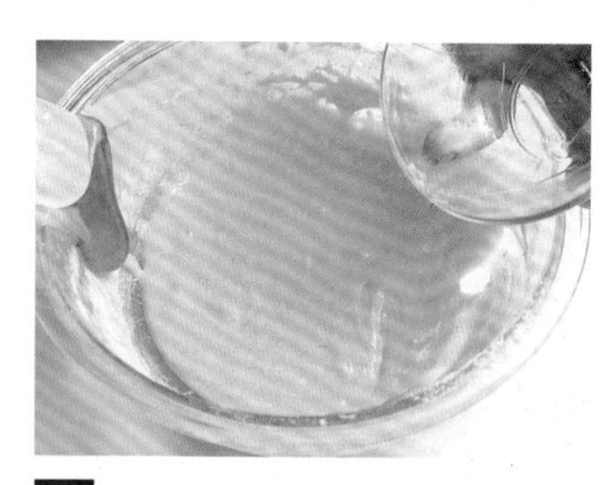

7 加入蜂蜜，搅拌均匀。

加入蜂蜜，搅拌成均匀的状态。

蜂蜜能让蛋糕变得湿润紧实。蜂蜜本身比较黏，不容易搅拌，但一定要搅拌均匀。

8 加入柠檬皮，搅拌均匀。

加入3的柠檬皮，搅拌均匀。

9 加入熔化的黄油，搅拌均匀。

将2的熔化黄油一次性倒入碗中，一只手转动碗，另一只手用硅胶铲从底部向上搅拌。

如果熔化黄油变凉了，可以稍微加热一下，让它保持在32℃左右。这样搅拌起来更省力。

10 醒1个小时。

搅拌成细腻有光泽的状态后，检查碗底是否残留未拌匀的黄油。然后包上一层保鲜膜，在室温下醒1个小时以上。

醒面的过程中，食材会相互融合，面糊状态变得更稳定，烤出的蛋糕也就更细腻紧实。

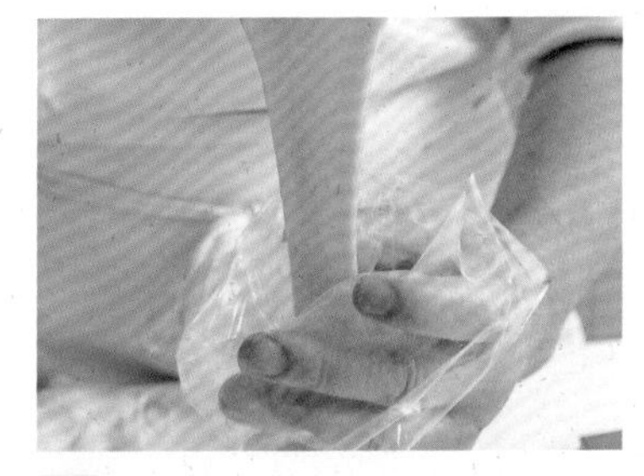

11 将面糊装入裱花袋。

将圆形裱花头装在裱花袋上，要装得紧一些，防止面糊流出来。然后将10的面糊装入裱花袋。

12 将面糊挤入模具中。

将面糊挤入1中准备好的模具中，挤到八分满即可。

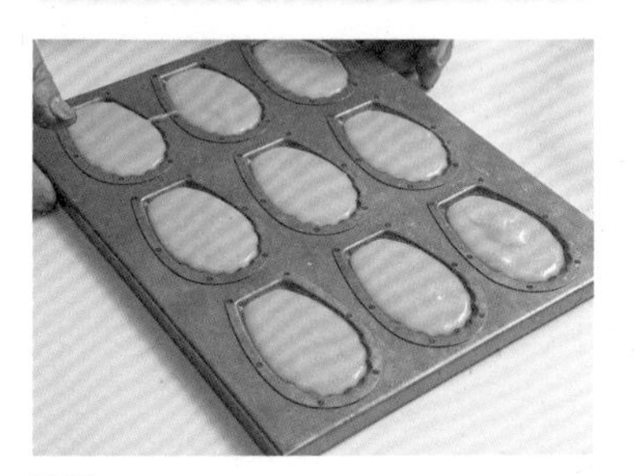

13 220℃烘烤。

将模具放入预热到220℃的烤箱中，烘烤12分钟。

14 烘烤完毕。

当蛋糕变成漂亮的浅茶色，且中央有一个肚脐状的凸起，就算烤好了。

15 从模具中取出。

戴着手套取出模具，向台面重重放2次，去除模具里的气体。脱模，放到冷却架上冷却，带有凸起的一面朝上放置。

CHECK

截面 周围烤成漂亮的茶色，中间有一个凸起。横截面上布满了纵向的小孔，证明烘烤过程中，有气体从凸起的部分排出。

既不需要醒面，烘烤时间也很短。
只要准备好材料，很快就能做好。

费南雪

Financier

使用热黄油打造紧实绵密的口感

只需蛋白就能做好的蛋糕，费南雪。它的法语名叫“Financier”，本来是“金融家、银行家”的意思。据说，是因为它的外形很像金砖。这款蛋糕的美味之处，在于焦化黄油和杏仁粉的浓郁香味。

玛德琳蛋糕（➜P43）是让面糊充分膨胀，相反，费南雪则需要抑制面糊的膨胀，来打造紧实绵密的口感。

制作方法非常简单，只需将材料混合即可。将粉类和砂糖混合均匀后，加入蛋白。这款蛋糕使用的是新鲜蛋白。**用高温烘烤，是希望它能够快速凝固，所以要使用凝固力较强的新鲜蛋白。**蛋白跟粉类混合后，要用木铲充分搅拌。当食材混合均匀，整体变成黏稠的状态时，加入焦化黄油。焦化黄油的温度在70℃左右。用这热热的黄油破坏面糊中的气泡，从而抑制面糊膨胀，打造紧实绵密的口感。

不用醒面，直接放入烤箱烘烤

做好的面糊不用醒，马上挤入模具，放进烤箱，在高温下短时间烘烤。

这款蛋糕所含糖分较高，所以一定要在模具里涂上厚厚一层澄清黄油。面糊不会膨胀，可以直接挤到九分满的位置。这两点是需要谨记在心的小窍门。

不需要花很长时间，只要准备好材料，很快就能做好。非常适合当茶会的甜点。如果有客人来家里喝下午茶，可以在上午抽时间烤好。

材料（长约8.4cm的费南雪模具16个份）

材料	用量
无盐黄油	150g
◎杏仁糖粉	
糖粉	125g
杏仁粉	125g
砂糖	75g
低筋面粉	50g
蛋白	5个份

150g黄油要做成焦化黄油。制作过程中，要取出1大匙澄清黄油，然后从做好的焦化黄油中取出100g，用于制作费南雪蛋糕。蛋白选用凝固力较强的新鲜蛋白。

准备工作

- 将杏仁糖粉的材料混合到一起过筛。
- 低筋面粉过筛。
- 烤箱预热到220℃。
- 为了冷却焦化黄油，准备一碗冰块。

需要特别准备的东西

长8.4cm的费南雪模具、小锅、温度计、筛子（网眼较细的）、刷子、裱花袋、圆形裱花头（口径10mm）、手套、冷却架。

烤箱

- 温度/220℃
- 烘烤时间/15分钟

最佳食用时间和保存方法

烤好后放置1小时左右，是最美味的时候。冷却后，连同干燥剂一起放入密封容器或密封袋里，可以在常温下保存3天左右。

1 制作澄清黄油。

将黄油从冰箱中取出，切成适当的大小，放入锅中，边用打蛋器搅拌边开中火加热。当黄油完全熔化且开始产生浮泡时，撇开浮泡，舀出1大匙澄澈透明的黄色液体（澄清黄油）。

2 剩下的做成焦化黄油。

继续加热1的黄油，要不断搅拌。当黄色液体变成焦糖色时，从火上拿下来。马上用筛子过滤，然后放到冰上冷却。从做好的焦化黄油中取出100g。

3 在模具上涂一层澄清黄油。

用刷子在模具上涂一层温热的澄清黄油1，要涂得厚一些。

费南雪蛋糕含有的糖分较高，为了避免脱模时遇到麻烦，要多涂一些澄清黄油。模具的边边角角也要仔细涂好。

4 将粉类混合。

将准备好的杏仁糖粉、砂糖和筛过的低筋面粉一起倒入碗中，用木铲混合均匀。

5 加入蛋白，搅拌均匀。

在4的中央做出一个小坑，一次性倒入所有蛋白，用木铲从中央向外侧慢慢画圈搅拌。

为了防止空气混入面糊，搅拌的动作一定要慢。

6 搅拌好的状态。

粉类和蛋白混合均匀后，要再搅拌一会儿，直到搅拌成细腻柔滑的状态为止。

要用按压面糊的手法搅拌。

7 加热焦化黄油。

将2中的焦化黄油加热到70℃左右。

8 加入焦化黄油，搅拌均匀。

将7加入6中，搅拌均匀。

加入热热的黄油，来“杀死面糊”，也就是破坏面糊中的气泡。这样烘烤时，面糊就不会膨胀了。

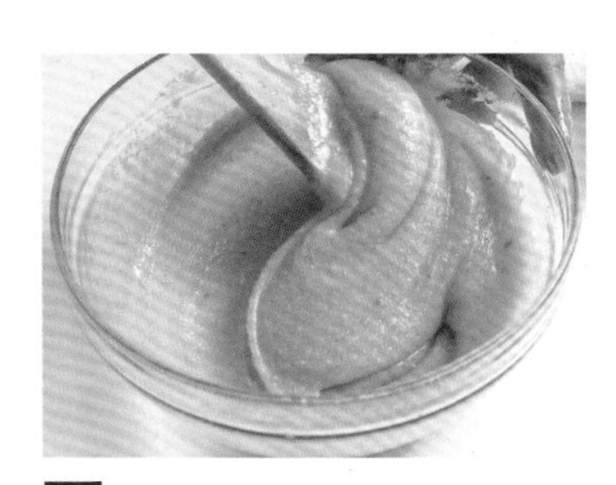

9 搅拌好的状态。

搅拌时，要注意碗底不能残留黄油。搅拌好之后，面糊质地细腻而黏稠，拿起木铲，面糊会慢慢落下。

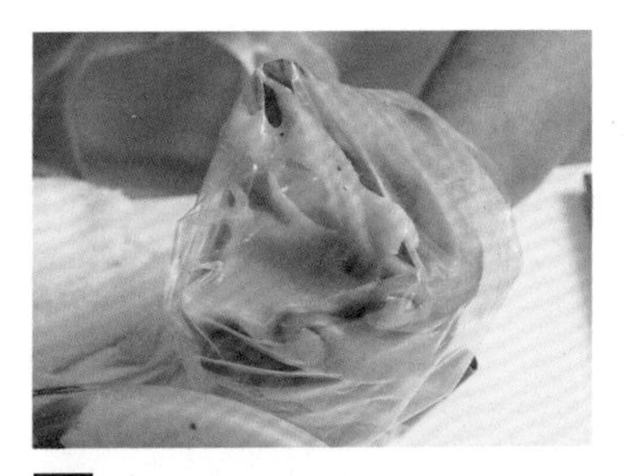

10 将面糊装入裱花袋。

将圆形裱花头装在裱花袋上，要装得紧一些，防止面糊流出来。然后将9的面糊装入裱花袋。

11 将面糊挤入模具中。

将面糊挤入3中准备好的模具中，挤到九分满的位置即可。

这款面糊不用醒，可以直接拿去烘烤。烘烤时面糊不会膨胀，可以多挤一些。

12 220℃烘烤。

将模具放入预热到220℃的烤箱中，烘烤15分钟。

烤完后要观察蛋糕背面。刚烤好时温度很高，可以戴上手套将费南雪翻到背面，如果背面烤成均匀的茶色，就算可以了。烘烤时的背面，其实是费南雪的正面。

13 冷却。

戴着手套取出模具，向台面重重放2次，去除模具里的气体。脱模，放到冷却架上冷却。

CHECK

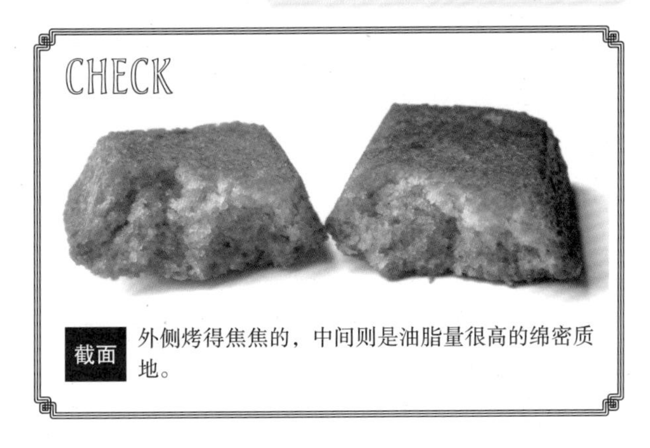

截面 外侧烤得焦焦的，中间则是油脂量很高的绵密质地。

模具不用清洗

金属做成的模具尽量不要经常清洗。清洗时会有水分残留在边边角角，容易腐蚀模具，进而造成脱模困难。附着在模具上的油分，可以形成一个保护层，防止空气中的水分和其他物质的腐蚀。用完之后，只需用干布或纸巾轻轻擦拭即可。如果边角处残留污垢，可以用竹扦等工具取出。我的店关门后，每天要花1小时左右擦拭各种模具。

下次使用时，再用布或纸巾轻轻擦一遍，然后按照方子涂澄清黄油或撒干面粉即可。

加入大量焦化黄油，打造湿润细腻的口感。
带有清爽柠檬酸味的黄油蛋糕。

周末柠檬蛋糕

Week-end

鸡蛋的打发方式决定了蛋糕的口感

20世纪前期，巴黎流行着一种周末到田园度假的生活方式，为了迎合这种潮流，当时特别创造了一款保存时间长、方便运输的甜点，然后将其命名为“week-end”（周末）。

制作这款面糊的关键是将鸡蛋和砂糖完全打发。这样才能做出口感轻盈的蛋糕。**抬起打蛋器，面糊像丝带般落下，留下的痕迹要过很久才消失，**要徒手打发成这种状态，是件很难的事。而且，手的力道不均，无法打发出细腻均匀的气泡。所以这一步一定要用手持式打蛋器。先用低速挡使食材充分混合，然后调成高速，一口气打发成发白蓬松的状态。最后再降到低速，将大小不一的气泡打发成细腻均匀的气泡。**打发过程中，一定要时刻观察气泡状态。**

加入焦化黄油后，即使放置一段时间，蛋糕的香味也不会减弱。所以这款蛋糕，即使不是当天食用，也依旧很美味。

最后涂上甜杏酱和糖衣做装饰

蛋糕烤好后，要先涂一层甜杏酱，再涂一层糖衣做装饰。用这两样东西**包裹住蛋糕，不但能防止蛋糕变干，还能保留蛋糕的香味。**

食用时，要尽量切成薄片。这款蛋糕本质上还是黄油蛋糕，切得太厚口感就会太软。理想厚度是1cm以下。这个厚度，才能品尝到最好的口感和味道。

材料（18cm×8cm×6.5cm的磅蛋糕模具2个份）

无盐黄油……250g
砂糖……160g
鸡蛋……4个
柠檬……1/2个
低筋面粉……160g
甜杏酱（装饰用）……150g

◎糖衣
- 糖粉……150g
- 水（矿泉水）……35g

开心果（装饰用）……适量

250g黄油要做成焦化黄油。制作过程中，要取出1大匙澄清黄油，然后从做好的焦化黄油中取出190g，用于制作周末柠檬蛋糕。

准备工作

- 鸡蛋恢复到室温。
- 低筋面粉过筛。
- 开心果切碎。
- 烤箱预热到160℃。

需要特别准备的东西

2个18cm×8cm×6.5cm的磅蛋糕模具、小锅、筛子（网眼较细的）、刨丝器、刷子、手持式打蛋器、手套、冷却架、蛋糕刀（或菜刀）、温度计。

烤箱

- 温度/160℃
- 烘烤时间/50分钟

最佳食用时间和保存方法

放置一晚后，味道会变得更浓，比刚出炉时还好吃。为了防止变干，要包上保鲜膜。在室温下可以保存1周左右。

1 制作澄清黄油。

将黄油从冰箱中取出，切成适当的大小，放入锅中，边用打蛋器搅拌边开中火加热。当黄油完全熔化且开始产生浮泡时，撇开浮泡，舀出1大匙澄澈透明的黄色液体（澄清黄油）。

2 剩下的做成焦化黄油。

继续加热1的黄油，要不断搅拌。当黄色液体变成焦糖色时，从火上拿下来。马上用筛子过滤，然后放到冰上冷却。从做好的焦化黄油中取出190g。

3 准备柠檬皮和果汁。

用刨丝器刨下黄色的柠檬皮，再挤出果汁，然后将两者混合到一起。

刨皮的时候只能刨黄色部分，白色部分带有苦味，会对蛋糕的味道产生影响，一定要多加注意。残留在刨丝器上的柠檬皮也要用刷子刷到碗里。

4 在模具上涂一层澄清黄油。

用刷子在模具上涂一层1中取出的澄清黄油，模具的边边角角也要仔细涂好。

要使用温热的澄清黄油，薄薄地涂一层。

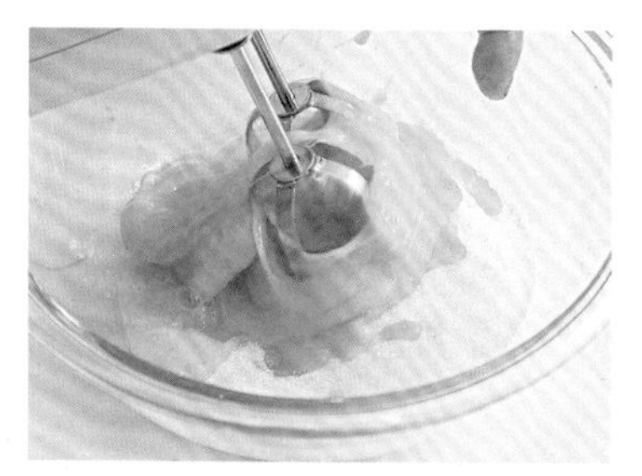

5 将鸡蛋和砂糖用低速挡搅拌均匀。

将鸡蛋和砂糖倒入碗中，用手持式打蛋器的低速挡搅拌均匀。

6 调成高速挡打发。

鸡蛋和砂糖混合均匀后，调成高速挡开始打发。

打发时要让碗略微倾斜，使搅拌头全部没入面糊中。打蛋器不能固定不动，而是应该在碗中画圈搅拌。

7 再次调成低速挡，继续打发。

打发至蓬松发白的状态时，再次调成低速挡，继续打发2~3分钟，让面糊中的气泡变成细腻均匀的状态。

这时打蛋器也要慢慢转动，来调整气泡状态。

8 打发完成。

抬起搅拌头，面糊像丝带般落下，留下的痕迹要过很久才消失。一定要打发成这种状态。

9 加入柠檬皮和果汁。

用硅胶铲将搅拌头上的面糊刮下，加到碗中。加入3中的柠檬皮和果汁。

10 搅拌均匀。

用硅胶铲从底部向上搅拌，使所有食材混合均匀。

11 加入低筋面粉，搅拌均匀。

加入筛过的低筋面粉，边加入边用硅胶铲从底部向上搅拌。

加面粉时要不停搅拌，这时可以两个人配合操作。

12 搅拌成没有干粉的状态。

加入面粉后，要一只手转动碗，另一只手用硅胶铲用硅胶铲从底部向上搅拌。一直搅拌到没有干粉为止。

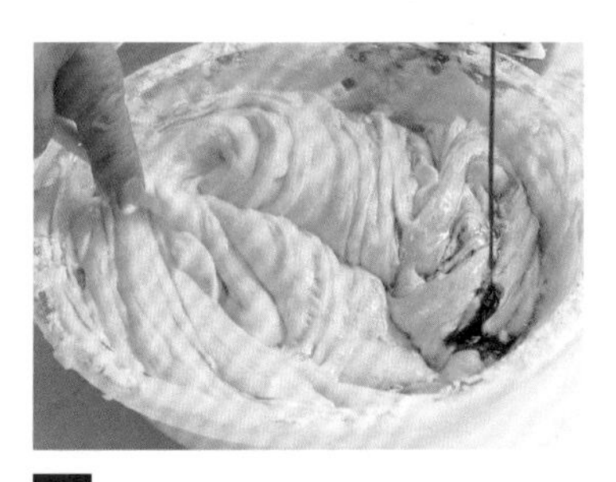

13 加入焦化黄油。

将2中的190g焦化黄油一次性加入碗中，搅拌均匀。

如果焦化黄油变凉了，可以稍微加热一下，让它保持在32℃左右。

14 大力搅拌。

一只手转动碗，另一只手用硅胶铲缓慢地大力搅拌。

面糊的量比较大，搅拌时要花不少力气，但不要着急，一定要将面糊搅拌均匀。

15 面糊制作完成。

要使黄油和面糊充分融合，大概要搅拌50~60次。最后要搅拌成细腻有光泽的状态。

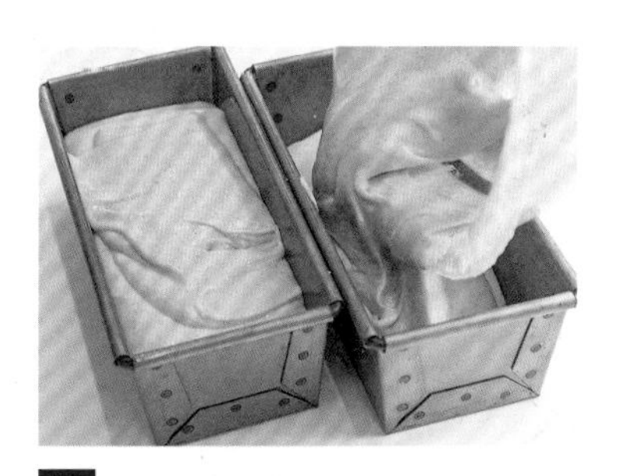

16 倒入模具中。

将15的面糊分成2等份，分别倒入准备好的2个模具中。

这款面糊，倒好后不需要在台面上震动去除气泡。烤好后，在冷却过程中，气泡会自己沉到下面。

17 160℃烘烤。

将模具放入预热到160℃的烤箱中，烘烤50分钟左右。

18 确认烘烤状态。

烤好后要观察烘烤状态，先看烤色是否均匀，然后用手轻轻按压蛋糕，如果有回弹的感觉，就算烤好了。

观察烤色和用手按压，是确认烘烤状态的最好方法。

P54继续

19 翻过来放置，在常温下冷却。

戴着手套取出模具，从离台面10cm的位置重重放下，重复放2次，排出气体。脱模，翻过来放到冷却架上冷却。

装饰时要将靠近模具底部的那面朝上，所以冷却时就要先将蛋糕翻过来。

20 调整底面的形状。

19的蛋糕冷却后，用蛋糕刀切去底面四个边多余的部分，调整底面的形状。

店里卖的蛋糕，卖相一定要完美，所以会进行20和21的操作。如果是自家食用，不切也没关系。

21 调整上面的形状。

将上面的4个边，斜向切去1.5cm左右。

22 煮甜杏酱。

将甜杏酱倒入小锅中，去除果肉之类的固体。加入1大匙水，开小火加热，将甜杏酱煮成黏稠的状态。

涂上甜杏酱是为了防止蛋糕变干。虽然甜杏酱在这里并不是主角，但希望大家也花些心思。

23 涂甜杏酱。

用刷子趁热在蛋糕上薄薄涂一层甜杏酱。

这个步骤叫abricoter（➡P55）。

24 等待甜杏酱变干。

涂好后放在一旁晾干，要晾到用手摸也不会沾到手上的程度。

涂了一层甜杏酱后，糖衣不容易渗入蛋糕里，就可以涂得更漂亮。

25 制作糖衣。

制作涂在蛋糕上的糖衣（➡P55）。将糖粉和水倒入小锅中，搅拌均匀后开小火加热。

26 加热至近似人体体温的温度。

用木铲慢慢搅拌，加热成跟人体体温差不多的温度（36~37℃）。

加热到砂糖再结晶化（糖化）的最低温度（人的体温），即使在室温下，也自然呈乳白色。糖衣就是利用这种变化制作而成的。

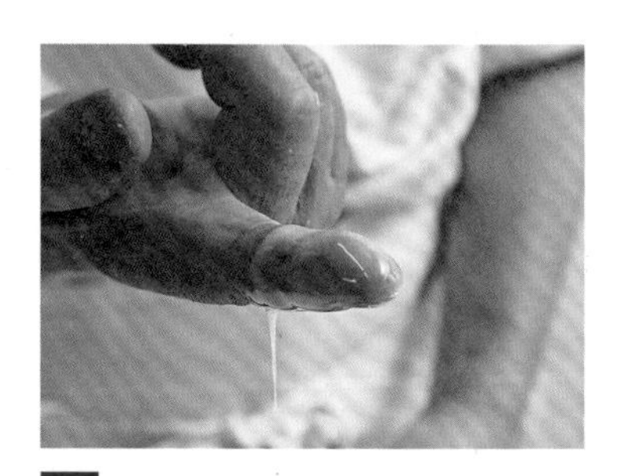

27 熬成理想的浓度。

用手指蘸一下，会形成一层发白的薄膜，过一会儿薄膜渐渐变透明，这样的浓度就是理想状态。

如果温度过低，糖衣会直接流下，无法挂在手上。而温度过高，就会马上变透明。36~37℃，在这个温度范围内是最理想的。

28 涂糖衣。

用手摸一下24的表面，如果果酱不会沾在手指上，就用刷子在蛋糕上面和四周涂一层温热的糖衣。

如果糖衣变凉，就不好涂了，可以再次加热到跟人体体温差不多的温度。如果糖衣温度过高，要稍微等它冷却一下。

29 装饰开心果。

将切碎的开心果撒在蛋糕上。直接在室温下放置，等待糖衣变干。

让甜点提升一个层次的最后一步——涂装

蛋糕烤好后刷上这两层东西，不只是为了装饰或增加风味，也是为了防止蛋糕变干。其实操作起来没有想象中那么难，请大家一定要试试。

涂果酱
abricoter

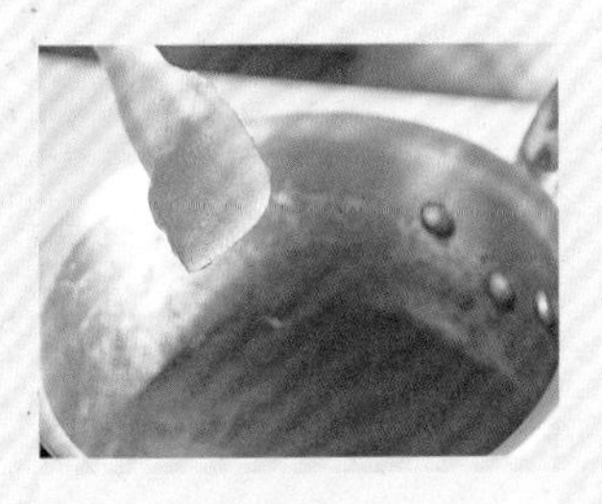

在甜点表面涂甜杏酱这个步骤，被称作“abricoter”。

我使用的果酱，是将自制甜杏酱和Nappage neutre（镜面果胶，一种无色透明的果胶）混合到一起，然后放到锅里煮黏稠后做成的。如果没有这些特殊材料，只用甜杏酱也可以。

煮甜杏酱的关键是浓度。因为是涂在甜点表面的，所以不能太稀。太稀的话果酱会渗入甜点中，这样就会影响甜点的味道和口感。将不含果肉的果酱倒入锅中，然后加入1成左右的水，加热至沸腾后再煮一会儿。煮的时候可以取一点滴到台面上，如果果酱不扩散开，而是形成一层膜，就达到了理想的浓度。

涂糖衣
glace à l'eau

glace在法语中是“糖衣”的意思，a leau则是“水”的意思。基本做法是将糖粉和糖粉重量1/4~1/3的水倒入锅中，然后加热到跟人体体温差不多的温度（36~37℃）。低于这个温度，糖衣涂在蛋糕上也无法凝固，只会渗入蛋糕里。相反，高于这个温度，涂上的糖衣马上会变透明，再涂的时候就不好涂了。

方子中没有体现的烘焙知识

[工具&环境篇]

使用前要仔细擦去工具上的水和污渍

使用的工具上是不能有水和污渍的。如果碗或打蛋器上有水，很可能导致蛋白无法顺利打发。这一点一定要多加注意。

另外，制作前要将会用到的工具整理到一个大托盘里，放在方便拿取的地方，这样制作时会更顺畅。

是否准备了称量工具和温度计？

方子中的材料都是以g为单位出现的。如果不严格按照比例，就无法做出理想的甜点，所以不能四舍五入地随便改方子的比例。为了准确地称量食材，一定要准备一个以g为单位的电子秤。电子秤要有去皮功能，这样就能去除容器重量，只计算食材的重量。

另外，制作过程中，为了把握食材的状态，温度计也是必不可少的工具之一。测温度时要测量物体的中心。用火加热或用冰降温时，温度计一定不能碰到锅底或碗底。推荐大家选择测量范围在200℃且配有保护盒的温度计。

“烘焙纸”和“厨房卷纸”

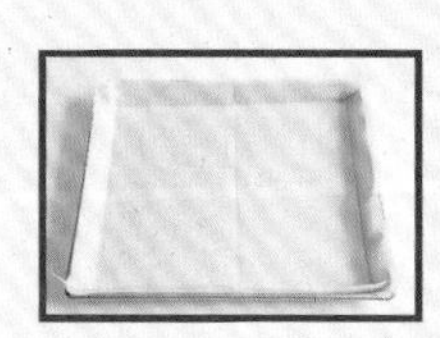

下面说一下本书中出现的纸。在超市中跟保鲜膜和铝箔摆在一起售卖的，一般都是表面光滑的“烘焙纸”。烘焙纸的作用是防止甜点粘到烤盘上。

“厨房卷纸”是一种没有防粘连功能的薄纸，一般就是在上面筛一下粉类，或者用它垫着食材放到电子秤上称量。这个可以在烘焙专卖店入手。

锅要选择铜的或不锈钢材质的

经常会有边搅拌边加热的操作，如果是铝制的锅，搅拌时打蛋器容易将锅划出划痕，进而影响到面糊或奶油的口感和色泽，所以最好选用铜锅或不锈钢锅。

“过筛”和“过滤”使用的工具不同

在本书中，将低筋面粉等粉类过筛时，要选用网眼细一些的筛子。而给像杏仁粉这样质地较粗的粉类过筛时，则要选择网眼粗一些的筛子。在过滤焦化黄油时，要用更细的筛子。筛粉类时，最好选用口径大的圆筒形筛子或像笊篱一样的筛子。建议准备好一个既能筛东西也能过滤的万能筛子，还有尺寸较小且网眼较细的茶漏，这两个工具使用起来非常方便。

不要用保鲜膜，要用塑料袋或塑料膜

本书中介绍的大多数方子，都需要醒面这一步。这时，为了防止干燥，就要在面团上包一层塑料袋。保鲜膜太软，很容易跟面产生粘连，所以一定要用塑料袋。有时也可以用将塑料袋剪开后制成的塑料膜。将塑料膜铺在面团上下，在擀面的时候就不用撒干面粉了。要使用有一定厚度的大号塑料袋。

制作时的室温大概多少度？

面糊和很多食材对温度都是很敏感的。室温稍有上升，黄油就更易熔化，奶油的质地也会产生变化。经常开火的厨房温度很不稳定，所以平时一定要多关注这一点。如果夏天很热的时候就要开空调降温，冬天暖气开得太大也要关掉。对烘焙来说，一般提到室温（常温），默认的是18℃左右。

检查冰箱里是否有空间！

醒面或让做好的甜点冷却时，都要用到冰箱。所以在制作前，一定要好好整理冰箱，确保留有足够的空间。

第二章

想尝试去做，想知道有关它的一切

人气甜点

好想做出这样的甜点啊！

怎样才能做得更美味呢？

为了回应这样的声音，

本章将为大家介绍一些使用奶油的人气甜点和使用特殊食材的甜点。

制作出美味蛋糕的关键是打发方式。
烤好后涂一些糖浆，蛋糕的口感会更湿润。

香缇草莓蛋糕

Chantilly fraise

最能衬托草莓的蛋糕底

制作这款香缇草莓蛋糕的第一步是做出杰诺瓦士海绵蛋糕。杰诺瓦士海绵蛋糕虽然叫海绵蛋糕，但却不像一般的海绵蛋糕那样细腻蓬松。这款蛋糕中**残留着些许的颗粒感，质地紧实而有嚼劲**，只有实际吃一口才能体会它的妙处。烤好后在蛋糕上涂一层18° Bé的糖浆（➜P108），使其变得更湿润。用这种蛋糕做底，能够很好地衬托出草莓的美味。

做杰诺瓦士海绵蛋糕的关键是鸡蛋的打发。将鸡蛋打发成发白的**八分发就可以了**。当然还可以花时间继续打发，但我觉得这样就够了。打发到八分，泡沫已经足够细腻，而且也容易跟粉类混合。加入粉类时，要少量分批慢慢筛入。一次加很多的话，难免会产生结块。这项操作一个人做起来比较困难，可以两个人一起配合。

涂上18° Bé的糖浆，蛋糕会变得更完美

烘烤时，要刻意将海绵蛋糕烤得干一些。这样涂糖浆时会更容易。最好提前一天烤好蛋糕，让蛋糕的水分蒸发，同时味道也会变得更浓郁。

涂上糖浆后，海绵蛋糕的风味会变得更好。即使后面抹上奶油、放上水果，海绵蛋糕依然很有存在感。**涂糖浆的时候要用力一些，就好像要将蛋糕的气泡压出一样。**不过糖浆只是让蛋糕变美味的调味品而已，也不能一下涂太多。

材料（直径15cm的圆形模具1个份）

◘杰诺瓦士海绵蛋糕
- 鸡蛋……2个
- 砂糖……60g
- 低筋面粉……60g
- 牛奶……5g
- 熔化黄油（➜P41）……10g

澄清黄油（➜P41）……适量
草莓（大颗）……25~26个

◘香缇奶油
- 鲜奶油（乳脂肪含量47%）…500g
- 砂糖……50g

◘草莓糖浆
- 草莓汁（在筛子上碾碎过滤而成的）……50g
- 30° Bé的糖浆（➜P108）……50g

◘草莓奶油
- 草莓汁（在筛子上碾碎过滤而成的）……80g
- 香缇奶油……150g

准备工作
- ◉ 低筋面粉过筛。
- ◉ 草莓洗净后擦干水分。
- ◉ 烤箱预热到170℃。

需要特别准备的东西

直径15cm的圆形模具（活底型）、手持式打蛋器、手套、冷却架、蛋糕刀、厚1mm的标尺2根（或者是同样厚度的木条）、筛子、刮板、刷子、蛋糕转台、抹刀、锯齿刮板、裱花袋、星型裱花头（口径12mm）。

烤箱

◉ 温度/170℃　◉ 烘烤时间/30分钟

最佳食用时间和保存方法

刚做好时是最美味的。一定要在当天全部吃完。

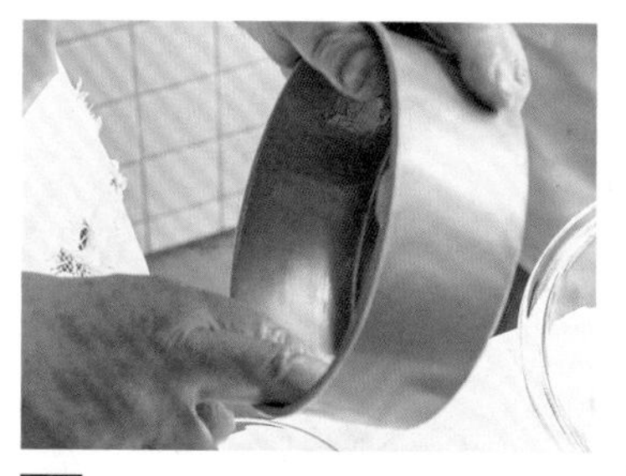

1 在模具上涂一层澄清黄油。

用手指在模具上涂一层温热的澄清黄油。

这种圆形模具，还是用手指涂比较好。用刷子的话，容易涂得过厚。当然也可以放一层烘焙纸，但这样烤出的蛋糕会缩小一圈，所以还是涂一层黄油，直接将面糊倒入比较好。

2 将鸡蛋和砂糖混合。

将鸡蛋和砂糖倒入碗中，用手持式打蛋器的低速挡搅拌均匀。

3 调成高速挡打发。

搅拌均匀后，调成高速挡开始打发。要一直打发到发白为止。

打发时要让碗略微倾斜，使搅拌头全部没入面糊中。打蛋器不能固定不动，而是应该在碗中画圈搅拌。

4 再次调成低速挡，搅拌1分钟。

当面糊略微发白，抬起搅拌头后迅速落下，留下的痕迹很快就消失时，将打蛋器调成低速挡，再搅拌1分钟左右。

这一步非常关键。将打蛋器重新调成低速挡，把大小不一的气泡搅拌成细腻均匀的气泡。

5 打发完成。

抬起搅拌头，面糊像线一样慢慢落下，留下的痕迹过一会儿就消失了。一定要打发成这种状态。

虽然气泡不是非常细腻，但这样更容易跟粉类混合。

6 加入低筋面粉，搅拌均匀。

换成硅胶铲，将准备好的低筋面粉筛入碗中，边筛边用硅胶铲从底部向上搅拌。

这一步最好两个人一起操作。如果将面粉一下倒入，难免会产生结块，一定要分批少量地筛入，边筛边不停搅拌。

7 加入牛奶，搅拌均匀。

当搅拌至还留有一点干粉的状态时，加入牛奶，按照同样的方法搅拌。

加入牛奶后，用一只手转动碗，另一只手用硅胶铲用硅胶铲从底部向上搅拌。

8 加入熔化黄油，搅拌均匀。

牛奶和面糊混合均匀后，加入室温的熔化黄油，搅拌均匀。

搅拌时要观察碗底是否残留着黄油。

9 搅拌好的状态。

完全看不见干粉，面糊呈现细腻柔滑的状态，而且带有光泽。拿起硅胶铲，面糊像丝带般慢慢落下，过一会儿才消失，这就是理想的状态。

10 倒入模具中。

将9的面糊倒入1中准备好的模具中。

面糊里的空气能让烤好的蛋糕更蓬松，所以这次不用在台面上震动排气。

11 170℃烘烤。

将模具放入预热到170℃的烤箱中，烘烤30分钟左右。

12 烘烤完毕。

打开烤箱时能听到“吱吱”的声音，用手按一下蛋糕的中心，有回弹的感觉，就算烤好了。

13 确认蛋糕的状态。

整个蛋糕都烤成了均匀的金黄色，蛋糕和模具之间有空隙，这样就是理想状态。

蛋糕和模具之间有空隙，证明烤得比较干，烤成这种状态，后面涂糖浆时就会方便很多。如果烤得不够火候，可以再追加5分钟。

14 在台面上震几下，脱模。

戴着手套取出模具，在台面上重重放2次，然后脱模，放在冷却架上冷却。底部脱模时，可以用抹刀辅助。

在台面上震动，是为了排出蛋糕和模具之间的气体。

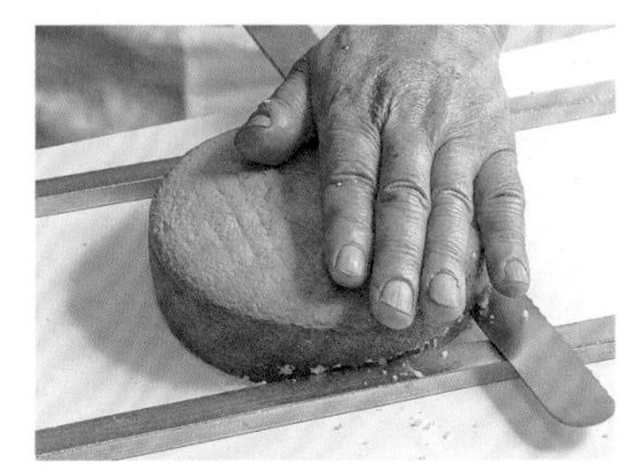

15 将蛋糕切开。

蛋糕完全冷却后，在左右放上标尺，用蛋糕刀切开。

16 切成 3 片。

将蛋糕切成3片，然后将最上面那片的金黄色部分薄薄削去一层。

17 制作草莓汁。

将10个草莓去蒂，纵向对半切开。取一块切好的草莓放到筛子上，用刮板慢慢碾，碾成草莓汁。剩下的草莓块也按照同样的方法操作。

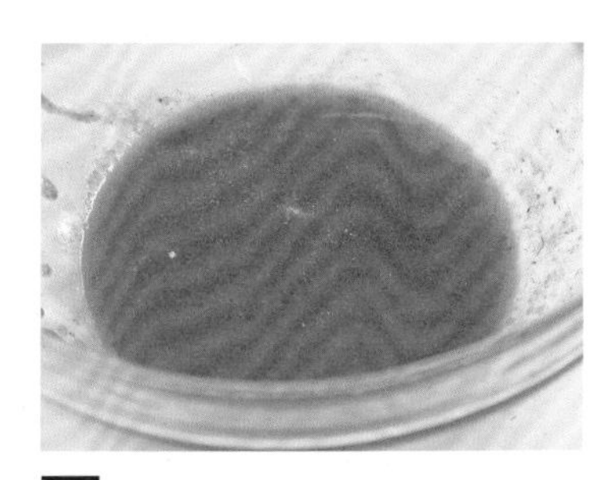

18 做好的草莓汁。

新鲜的草莓汁做好了。一共要准备130g，如果10个不够，可以再碾一些。

P62继续

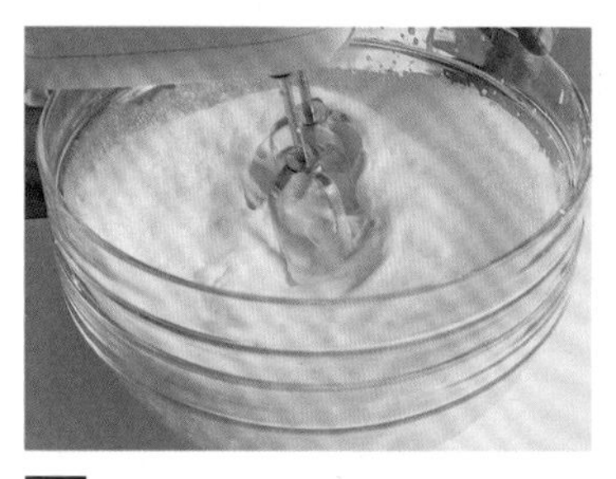

19 制作香缇奶油。

将鲜奶油和砂糖倒入碗中，碗底浸入冰水中，用手持式打蛋器将奶油打发。打发到奶油开始变黏稠，拿起搅拌头时会慢慢落下的状态（五分发）就可以了。

20 制作草莓糖浆。

从18的草莓汁中取出50g，再加入糖浆，搅拌均匀。

50g草莓汁加上50g 30°Bé的糖浆，就能做出18°Bé的糖浆。这个糖浆的甜度跟普通甜点的甜度相当，适合涂在海绵蛋糕上。

21 制作草莓奶油。

从19的香缇奶油中取出150g，倒入另一个碗中，然后加入80g18的草莓汁，将碗底浸入冰水中，开始打发。打发成能立起尖角的八分发就可以了。

22 将草莓切成片状。

取6~7个草莓，去蒂后纵向切成厚5mm左右的片状。

23 在蛋糕上涂草莓糖浆。

将16中切好的最下面一片蛋糕放到转台上，用刷子将20的草莓糖浆涂在蛋糕表面。涂的时候要留出2cm的边。

涂的时候要用轻轻按压的手法，因为来回划动的手法很容易破坏蛋糕。

24 涂草莓奶油。

用硅胶铲取适量21的草莓奶油，放到涂完草莓糖浆的蛋糕上。

25 将草莓奶油抹开。

用抹刀将草莓奶油抹开，注意不能抹出糖浆的范围。

叠放下一层蛋糕时，为了避免奶油溢出，抹的时候要留出一圈边。

26 放上草莓，再涂一层奶油。

将22的草莓片放在奶油上，再涂一层奶油来盖住草莓，然后将表面抹平。

27 在第二片蛋糕上涂草莓糖浆。

在第二片蛋糕的背面，按照与23同样的方法涂上草莓糖浆，周围也要留出2cm的边。将涂了糖浆那面朝下，叠放在26上。

放上后用手轻轻按压，让蛋糕与奶油充分接触。

28 在蛋糕上涂草莓糖浆。

在27的蛋糕上，用相同的方法涂上草莓糖浆。

29 涂奶油，放上草莓片。

涂上一层奶油，周围留出2cm的边，按照与26相同的方法，放上草莓片后再盖一层奶油。

30 叠放第三片蛋糕。

在第三片蛋糕的背面涂草莓糖浆，然后朝下叠放在29上。轻轻按压后，在蛋糕上涂一层草莓糖浆。

31 在侧面抹奶油。

将19剩下的奶油打发成能立起尖角的八分发。用抹刀取出适量奶油，放在30的侧面，然后转动转台，在整个侧面薄薄涂一层奶油。

32 在上面抹奶油。

取一些奶油放在蛋糕上，边转动转台边将奶油抹开。

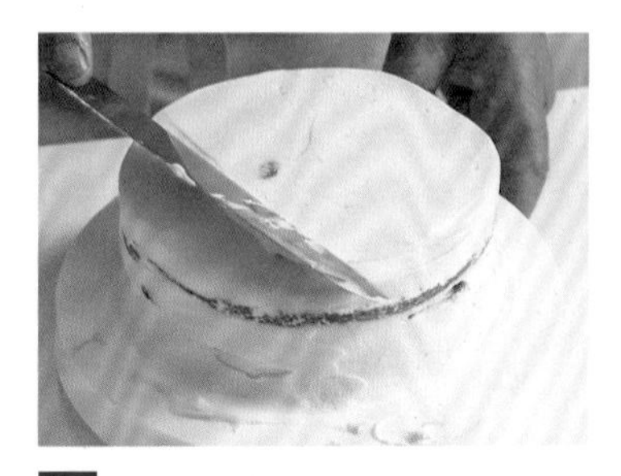

33 将奶油抹平。

将侧面、上面的奶油抹平，取走掉在转台上的奶油。每次抹完后，要在碗的边缘擦去残留在抹刀上的奶油。

这只是第一次抹奶油，即使露出海绵蛋糕也没关系，后面还会再抹几次。

34 将奶油放到蛋糕上。

将奶油放到蛋糕上，这次要将上面和侧面都抹一遍，奶油的量一定要多。

如果碗中的奶油变软，可以再稍微打发一下。

35 将上面抹平。

边转动转台，边用抹刀将蛋糕上面抹平，这时多余的奶油会落到侧面。

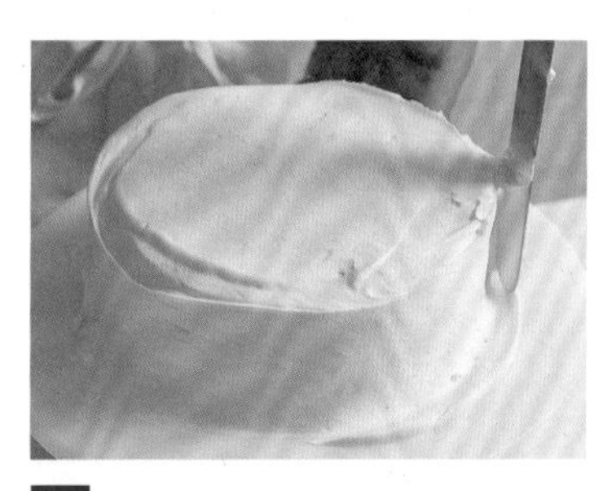

36 调整侧面的奶油。

将抹刀垂直放置，边转动转台边将侧面调整成厚度均一的状态。

P64继续

37 清除落在转台上的奶油。

将抹刀的前端插入转台和蛋糕之间，再稍微向上抬一下抹刀，然后慢慢转动转台，这样转台上的奶油就自然被清除了。

38 用锯齿刮板在侧面划出花纹。

将锯齿刮板放到蛋糕侧面，慢慢转动转台，这样就划出了均匀的花纹。

锯齿刮板是蛋糕装饰时常用的工具。划花纹时不需要完全跟图片一样，可以按照喜好自由发挥。

39 调整上面的奶油。

用刮刀从外侧向中央抹平奶油，再调整好周围的边。

40 在上面划出旋涡形的花纹。

将锯齿刮板放在蛋糕上面，慢慢转动转台，划出旋涡形的花纹。

41 整理边缘。

用刮板抵住蛋糕的边缘，慢慢转动转台，整理边缘的奶油。

42 装饰上草莓。

取4个草莓，去蒂后纵向切成厚5mm的片状，然后装饰在蛋糕上。

43 挤奶油。

将星形裱花头装在裱花袋上，要装得紧一些，防止奶油流出来。然后将奶油装入裱花袋里，在草莓之间挤出螺旋形的奶油。

44 再装饰一些草莓。

将5个草莓去蒂后，取1个放在蛋糕中央。剩余4个纵向对半切开，围着中央的草莓放置。

CHECK

截面 海绵蛋糕与糖浆完全融为一体，口感湿润绵软，中间还夹着草莓奶油，真是太美味了。

方子中没有体现的烘焙知识

［材料篇］

请使用无盐黄油。

黄油有两种，一种是添加了1.5%~2%盐分的黄油，另一种是无盐黄油。制作甜点时，为了避免盐分对其他食材产生影响，一定要使用无盐黄油。无盐黄油很容易氧化，用完之后要将剩下的密封起来，然后冷冻保存。下次要使用时，可以提前拿到冷藏室自然解冻。

砂糖和糖粉的区别。

烘焙时，糖类有很多作用，比如增加甜味、让甜点烤出漂亮的颜色，或促进面糊膨胀等。不过，使用不同的糖类，做出的甜点口感也大相径庭。举个例子，沙布列和挞皮的面团含水量很少，如果直接用普通砂糖，会有颗粒残留，口感比较粗糙。而将砂糖换成容易跟黄油、鸡蛋混合的糖粉，就能做出更细腻的口感。这一点对于盐来说也是一样的，比如在制作“烤奶酪蛋糕”（➡P77）的酥粒底时，为了保留盐的颗粒感，就用了法国盐花。另外，制作面糊时使用的糖粉跟装饰用的糖粉有很大区别。装饰用的糖粉不容易溶化，俗称“不会流泪的糖粉”。买的时候一定要注意区分。

如何自制香草糖。

Au Bon Vieux Temps店里用的是将香草荚和砂糖一起粉碎后制成的香草糖，家庭中没有专业机器，很难做出这种香草糖。大家可以将用过的香草荚洗净后晾干，然后放进糖罐中。香草荚的香味很容易转移，在砂糖里放一段时间就变成香草糖了。如果家里有研磨器，也可以将砂糖和香草荚一起磨碎。

提前准备好杏仁糖粉。

杏仁糖粉是将杏仁和等量的砂糖混合后磨成的粉末。用它制成的面糊会带有浓郁的杏仁香味。大家可以用市面上买到的杏仁粉和糖粉混合，来代替磨碎而成的杏仁糖粉。杏仁粉请使用不添加其他东西的100%纯杏仁粉，尽量选择颗粒较粗的。

左图：市面上买到的杏仁粉。颗粒很细。
右图：自己磨的杏仁糖粉。颗粒较粗，而且磨的时候加了香草荚。

烘焙时要使用考维曲巧克力。

本书中用到的巧克力，都是烘焙专用的考维曲巧克力。可可含量不同，巧克力的甜度和风味就会有很大区别，使用时请按照方子的指示选择。最常用的考维曲巧克力是圆片形的，熔化时不用切碎，使用起来非常方便。

小苏打和泡打粉的区别。

两者都是加入面糊里的膨松剂。主要成分是碳酸氢钠，受热后会产生二氧化碳，从而使面糊膨胀。过去只有小苏打一种膨松剂，用它做出的甜点带有苦味，而且颜色发黄。泡打粉就是改良后的产物。泡打粉在室温下也会发生化学反应，而且放一段时间膨胀力会有所下降。打开的泡打粉一定要放在阴凉处密封保存，而且要尽快用完。

用高温在短时间内烘烤完成。
烤出的蛋糕口感松软，带着浓郁的鸡蛋香味。

奶油蛋糕卷

Rolle cake

在蛋糕里加入蜂蜜，卷起来会更容易

法国有一种名叫“le Bras de Venus（维纳斯蛋糕卷）”的甜点，带着一丝橙花香气，是一种很像蛋糕卷的甜点。不过，维纳斯蛋糕卷用的蛋糕不像日本蛋糕卷那么松软。虽然我的店里不卖蛋糕卷，但我知道蛋糕卷在日本很受欢迎。

这次要给大家介绍的是，在东日本大地震时，为了救济灾民而创造的一个方子。我们在店里做了几百块海绵蛋糕，然后运送到灾区，再和当地的阿姨们一起卷成蛋糕卷。

做蛋糕卷最怕的就是蛋糕在卷的过程中裂开。为了避免这种现象，我在蛋糕里加了蜂蜜。如果没有蜂蜜，也可以用水饴代替。**蜂蜜具有保湿性，用它做出的蛋糕不但质地湿润柔软，而且不容易裂开。**这样卷的时候就不用担心蛋糕裂开了。

面糊做好的标志是光泽，搅拌时动作一定要快

鸡蛋要打发成黏稠发白的状态。**加入粉类后，就要快速搅拌，搅拌成有光泽的状态。但也不能搅拌过头，否则做出的蛋糕就会太硬。**

面糊做好之后，就要马上倒进铺了厨房卷纸的烤盘中，然后在短时间内烘烤完成。烘烤时间过长容易导致蛋糕变干变硬。当表面变干、颜色变成浅茶色，按一下会发出“咻”的声音，就算烤好了。

将鲜奶油打发成香缇奶油，涂在蛋糕上，然后提起垫在下面的厨房卷纸，一口气将蛋糕卷起来。**卷的时候不要用力按压，否则容易把蛋糕按坏。**中间夹的水果可以按照喜好自由选择。

材料（长约20cm的蛋糕卷1个份）

◘蛋糕
- 鸡蛋……………125g（约2个）
- 砂糖……………65g
  - 蜂蜜……………9g
  - 水……………3g
- 低筋面粉……………38g

◘香缇奶油
- 鲜奶油（乳脂肪含量47%） 120g
- 砂糖……………10g

草莓……………2~3个
蓝莓……………9~10个
木莓……………4~5个
黑莓……………3~4个

准备工作

◉ 低筋面粉过筛。
◉ 蜂蜜和水混合到一起。
◉ 烤箱预热到240℃。

需要特别准备的东西

约21cm×25cm的烤盘、厨房卷纸（➡P56）、手持式打蛋器、刮板、手套、冷却架、抹刀、蛋糕刀（或菜刀）。

烤箱

◉ 温度/240℃
◉ 烘烤时间/9分钟

最佳食用时间和保存方法

刚做好时是最好吃的。放入冰箱，可以保存到第二天。

1 在烤盘上铺一层厨房卷纸。

将厨房卷纸剪成四边比烤盘大2cm的大小，然后铺进烤盘里，四个边向上折起。将卷纸的四个角斜向剪开，再向内侧折。

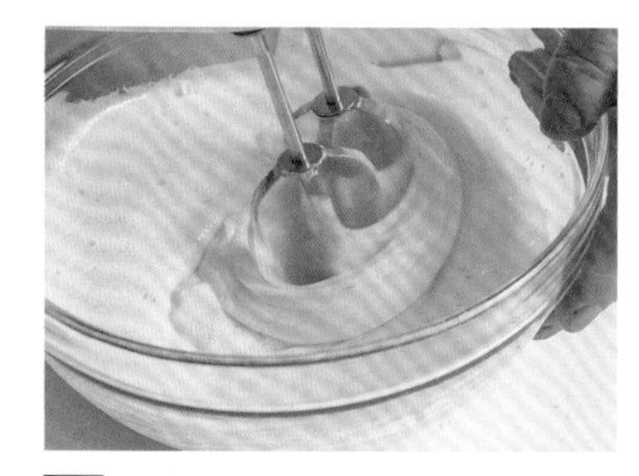

2 将鸡蛋和砂糖混合打发。

将鸡蛋和砂糖倒入碗中，用手持式打蛋器的低速挡搅拌均匀。然后调成高速挡，在碗中边打发边画圈搅拌。

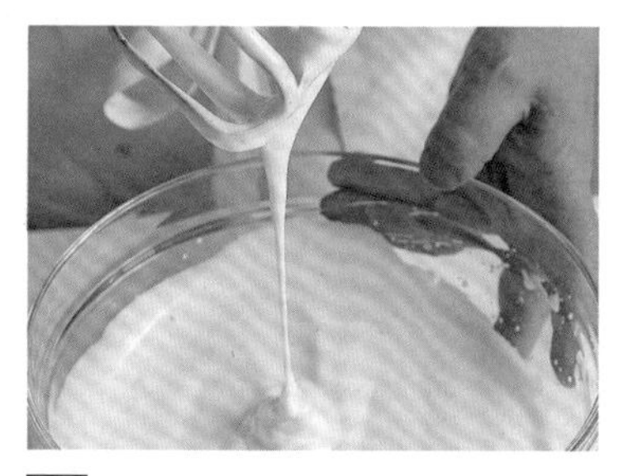

3 打发成黏稠发白的状态。

打发成黏稠发白的五分发后，调成中速挡，再继续打发。拿起搅拌头后面糊像线似的慢慢落下，留下的痕迹过一会儿才消失，打发成这个状态就算可以了。

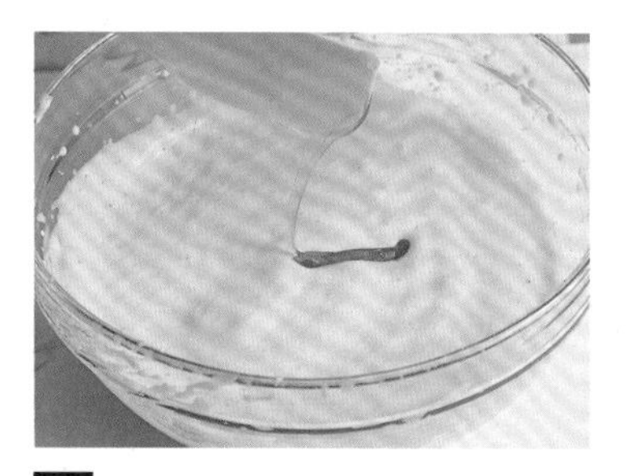

4 加入蜂蜜和水，搅拌均匀。

换成硅胶铲，加入蜂蜜和水，从底部向上搅拌。

加蜂蜜是为了让蛋糕更湿润。如果没有蜂蜜，也可以用水饴。加一些水是为了让蜂蜜更好地跟面糊混合。

5 加入低筋面粉，搅拌均匀。

边将低筋面粉筛入碗中边搅拌，一直搅拌到看不见干粉为止。这样面糊就做好了。

加面粉时要不停搅拌，这时可以两个人配合操作。

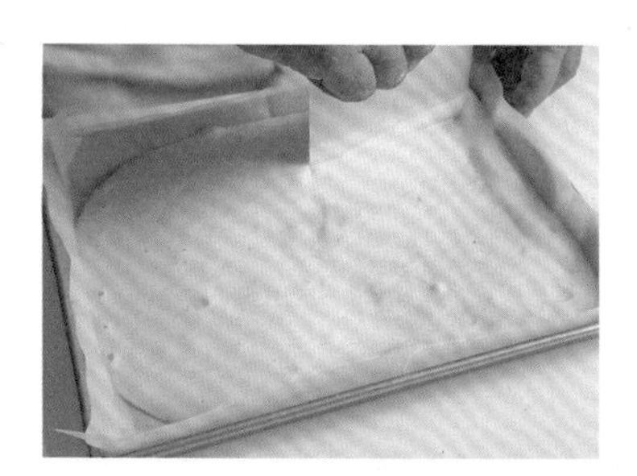

6 将面糊倒入烤盘中。

将5的面糊倒入1中准备好的烤盘中，用刮板将面糊推到四个角，然后抹平表面。

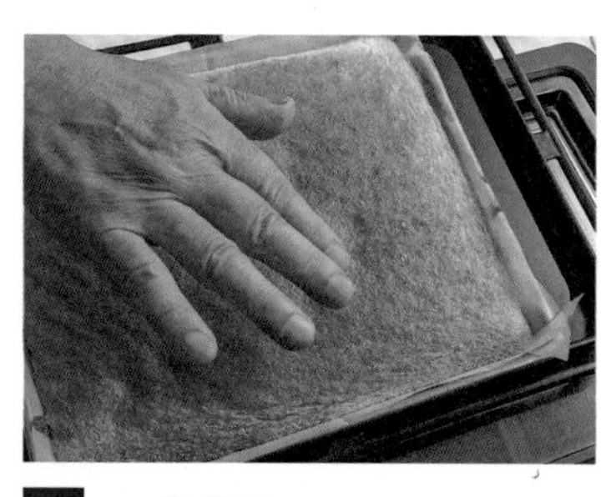

7 240℃烘烤。

将烤盘放入预热到240℃的烤箱中，烘烤九分钟。戴着手套将烤盘从烤箱中拿出，连同厨房卷纸一起放到冷却架上冷却。

当表面变干、颜色变成浅茶色，按一下会发出“咻”的声音，就算烤好了。

8 制作香缇奶油。

将鲜奶油和砂糖倒入碗中，碗底浸入冰水中，用打蛋器将奶油打发至抬起后不会落下，能立起尖角的（九分发）状态。

鲜奶油和砂糖一起打发后的奶油被称为香缇奶油。

9 揭下厨房卷纸。

当7的蛋糕完全冷却后，将其反面朝上放在台面上，揭下厨房卷纸。然后再将蛋糕反面朝上放在厨房卷纸上。

10 涂香缇奶油。

将8的奶油放到蛋糕中央，用抹刀均匀地抹开。

11 摆上草莓。

草莓去蒂后纵向切成2~3等份，然后按照图中所示摆在奶油上，注意要留出2cm的边。

摆水果时要留出2cm的边，这样卷的时候比较方便。

12 摆上其他水果。

将木莓对半切开，然后跟蓝莓和黑莓一起摆在草莓周围。

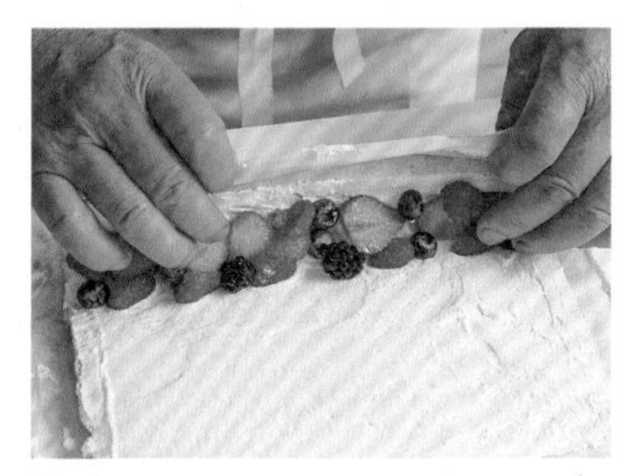

13 开始卷。

拿起厨房卷纸，以水果为中心开始向前卷。

刚开始卷的时候，要边用力按水果边卷，尽量卷得紧实一些。

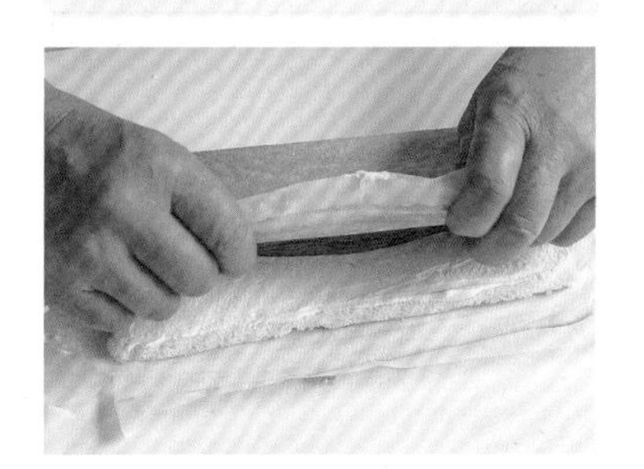

14 一直卷到最后。

拿着厨房卷纸边按压边慢慢向前卷，一直卷到最后。

卷的时候不要着急，要慢慢卷。卷时候即使中心的水果和奶油溢出，也不要在意，继续卷就可以了。

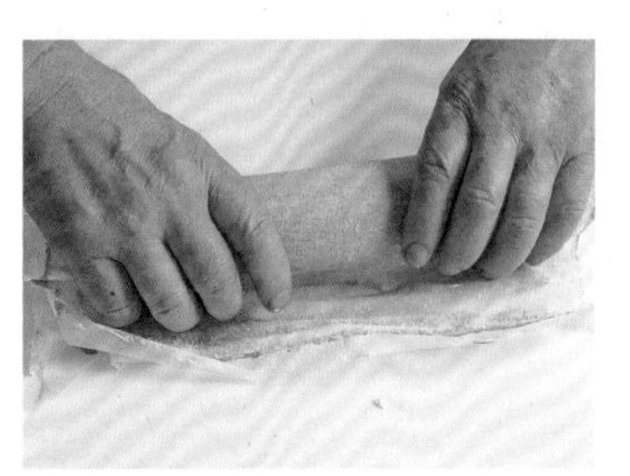

15 调整蛋糕卷的形状，放入冰箱醒一会儿。

卷好后将最后的封口朝下放置，用厨房卷纸将蛋糕卷整个包住，调整蛋糕卷的形状。然后带着厨房卷纸一起放入冰箱醒30分钟左右。

最后要用手轻轻按压蛋糕卷，让蛋糕卷变得更紧实。两端溢出的奶油，要用抹刀抹回去。

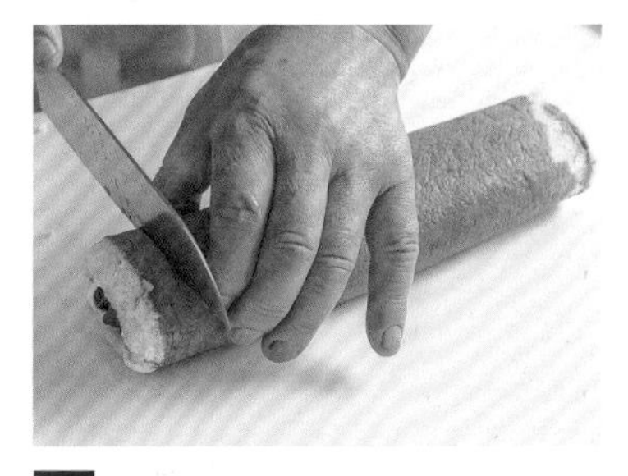

16 切下两端。

用蛋糕刀将蛋糕卷的两端切下。

主厨之声

其实做甜点的时候最好两个人一起配合。边筛粉边搅拌这个操作，一个人做起来非常难。两个人配合就方便很多了，而且还可以同时进行两种操作，比一个人做的时候效率高很多。

CHECK

截面 蛋糕口感湿润松软，切的位置不同，露出的水果也不同，这一点很有趣呢。

能体现糕点师哲学的甜点。泡芙的外皮要烤得干一些。

帕里戈泡芙

Chou Parigot

最理想的是“啪嗒”一声落下的面糊

“Parigot”是巴黎佬的意思。烤得又干又酥脆的外皮，带着杏仁的香味，再配上香草味的卡仕达酱，简直让人欲罢不能。

制作外皮面糊时，要先将面粉加热一下再加入鸡蛋。虽然材料表上的鸡蛋写着分量，但实际操作时，要根据面粉加热的状态调整鸡蛋的量，这一步一定要有熟练的技巧。有一个窍门，就是看面糊的状态。**搅拌好后抬起木铲，刚开始面糊会“啪嗒”一声迅速落下，后面的面糊则紧跟着慢慢成团落下，这样就是面糊的理想状态。这种面糊烘烤后，会膨胀得很厉害。**

填入奶油后，泡芙外皮很容易变软，所以一开始要烤得干一些。烘烤温度为200℃。先用高温使泡芙外皮膨胀到最大，然后调成180℃将外皮烤干。如果烤得够干，即使填入奶油，外皮也不会变软。

卡仕达酱要冷藏一晚再搅拌成原来的状态

泡芙最关键的是中间夹的卡仕达酱。卡仕达酱可以说是糕点师的生命，**我每次都是提前做好，放在冰箱冷藏一晚，让味道变得更浓郁。**刚从冰箱里拿出的卡仕达酱质地较硬，为了让它恢复到原来的状态，要用木铲搅拌一会儿。搅拌的过程很费力，但是刚做好的卡仕达酱、没搅拌的卡仕达酱和搅拌到原来状态的卡仕达酱，味道是完全不一样的。搅拌前和搅拌后可以分别尝一下，对比它们的味道。搅拌前的卡仕达酱有很浓的甜味，搅拌之后，甜味会慢慢变柔和，同时还会变得更浓郁香醇。这个**经过冷藏和搅拌的卡仕达酱，正是我店里泡芙美味的秘诀。**店里每次做的量比较大，做出的泡芙会更好吃。

材料（直径4~5cm的泡芙12个份）

◆卡仕达酱
（12个份，每次做的最小量）

材料	用量
牛奶	250g
蛋黄	3个
砂糖	62g
高筋面粉	25g
无盐黄油	25g
香草棒	1/4根

◆泡芙外皮

材料	用量
A 水	50g
A 牛奶	50g
A 无盐黄油	45g
A 盐	2g
A 砂糖	2g
低筋面粉	60g
鸡蛋	80g（约1⅓个）

材料	用量
全蛋液	适量
杏仁碎	适量

准备工作

◆卡仕达酱
- 高筋面粉过筛。

◆泡芙外皮
- 在烤盘中铺一层烤箱用垫纸（或厨房用纸）。
- 低筋面粉过筛。
- 鸡蛋恢复到室温，打散成蛋液。
- 烤箱预热到200℃。

需要特别准备的东西

单柄锅（直径16cm左右的深锅。铜制或不锈钢制）、烤盘、木铲、温度计、烤箱用垫纸（或厨房用纸）、裱花袋、圆形裱花头（口径12mm）、刷子、叉子、手套、冷却架、筷子、刮板。

烤箱

- 200℃烤25分钟+180℃烤6分钟

最佳食用时间和保存方法

刚做好的时候是最好吃的。时间越长，外皮就变得越软，卡仕达酱的味道也会有所下降，所以做好后要尽量在当天吃完。外皮的面糊可以冷冻保存。进行到23时，将面糊放入冷冻室冻一下，变硬后放入密封袋保存，可以保存3个月左右。

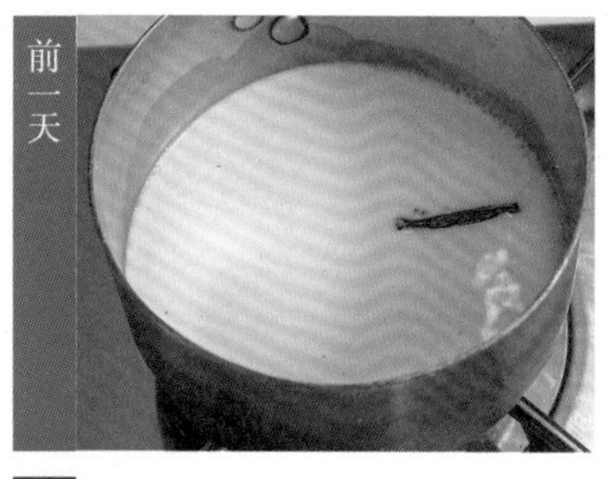

1 制作卡仕达酱。

将牛奶倒入单柄锅中，香草棒纵向切开，取出香草籽后连同豆荚一起加入锅中，开小火加热。

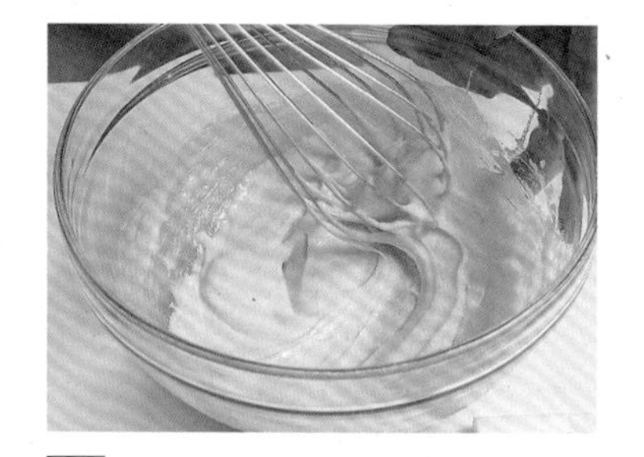

2 将蛋黄和砂糖混合。

将蛋黄倒入碗中，用打蛋器打散，加入砂糖后搅拌成黏稠发白的状态。

如果没有变成发白的状态，蛋黄和砂糖就肯定没混合均匀。所以一定要搅拌成发白的状态。

3 加入高筋面粉，搅拌均匀。

将筛过的高筋面粉加入2中，用打蛋器搅拌到看不见干粉为止。

为了避免结块，要慢慢从中央将面粉和蛋糊混合。

4 加入牛奶。

将1加热至沸腾，取出香草豆和豆荚，然后将1/3倒入3中，搅拌均匀。

牛奶中的香草豆和豆荚一定要取出。取出的豆荚可以用来做香草糖（➡P65）。

5 倒回锅中，开大火加热。

将4的面糊倒回锅中，搅拌均匀后开大火加热。

先向碗里倒一些热牛奶，蛋黄和面粉迅速升温，之后就不容易结块了。

6 边搅拌边加热。

将打蛋器垂直放入锅中，抵住锅底，边加热边不停搅拌。

加热一会儿后，蛋黄熟了，会使面糊变得更紧实，搅拌起来就更费力一些。这个时候很爱煳锅，要一直不停搅拌。

7 继续加热。

继续边搅拌边加热。面糊会开始“咕嘟咕嘟”沸腾，抬起打蛋器面糊慢慢落下，这样就是理想状态。

面粉熟了之后，整个面糊的质地会变软。这就是所有食材都熟了的信号。

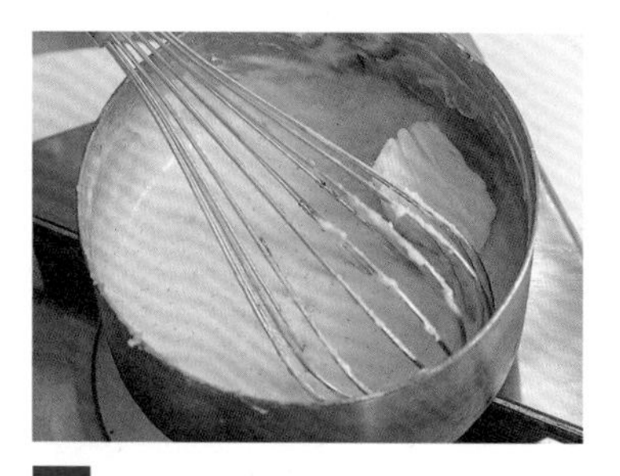

8 加入黄油。

加入黄油后快速搅拌，使黄油跟面糊混合均匀。

黄油能给卡仕达酱增加香味。加入后不能等黄油慢慢熔化，要快速搅拌，使黄油很快跟面糊融为一体。

9 放入冰箱醒一晚。

将做好的卡仕达酱倒入平盘中，表面盖一层保鲜膜。用手按压保鲜膜，使之与卡仕达酱紧密接触。冷却后放入冰箱醒一晚。

表面盖保鲜膜是为了防止卡仕达酱变干。撒糖粉或涂黄油也能达到同样的效果，但保鲜膜操作起来更简单。

10 制作外皮面糊。

将Ⓐ倒入单柄锅中，开大火加热。用木铲边搅拌边将黄油熔化，沸腾后从火上拿下来。

一定要确保黄油完全熔化，同时要加热到沸腾。

11 加入低筋面粉，搅拌均匀。

将筛过的低筋面粉一次性倒入锅中，为了避免结块，要用木铲快速搅拌。

12 搅拌到看不见干粉为止。

边搅拌边加热11，直到看不见干粉为止。

一定要让粉类完全溶解在液体中。

13 开火，继续搅拌。

当面糊变成细腻柔滑的状态时，再次开大火加热，用木铲不停大力搅拌。

14 让水分蒸发。

当面糊可以脱离锅底变成一团时，从火上拿下来。然后用木铲将面糊铺满锅底，用余热蒸发掉面糊里的水分。

面糊一定要慢慢烤干，不过加热时间过长，面糊也会变硬，所以差不多的时候就要从火上拿下来。

15 倒入碗中冷却。

将14的面糊倒入碗中，轻轻搅拌，使其冷却到45℃左右。

下一步要加入鸡蛋，鸡蛋在60℃左右会变熟，为了避免鸡蛋变熟后凝固，要先将面糊倒入碗中冷却。

16 加入鸡蛋。

分3~4次将蛋液加入碗中，每次加入都用搅拌均匀。

加入鸡蛋的过程中要不停搅拌，鸡蛋全部加入后温度在30℃左右。

17 理想的面糊。

蛋液的量要根据面糊的状态调整。搅拌好后抬起木铲，刚开始面糊会“啪嗒”一声迅速落下（图左），后面的面糊紧跟着慢慢成团落下（图右），这样就是面糊的理想状态。

P74继续

18 外皮面糊完成。

达到理想的硬度后，外皮的面糊就完成了。即使还有剩下的蛋液，也不用再加入了。如果将蛋液都加入也达不到理想状态，可以再打一些蛋液。

加入蛋液的量，要根据**14**中面糊的状态调整。

19 挤出直径 4cm 的面糊。

将圆形裱花头装在裱花袋上，装入面糊，然后在烤盘中挤出直径4cm的面糊，注意中间要留有间隔。操作时裱花袋要离烤盘1cm左右，垂直挤出直径4cm的面糊。挤完后要在面糊上画一个圈，然后快速抬起裱花袋。

20 挤出 2 个烤盘的分量。

图中的烤盘（35cm×25cm）适合挤12个面糊。要依次挤出2个烤盘的分量。

21 涂上蛋液。

用刷子在面糊表面涂一层蛋液。

★ 这时面糊的状态。

面糊表面不平，还留有挤完的痕迹。

这样直接烘烤的话，烤出的泡芙就会东倒西歪，没法烤成漂亮的圆形。

22 用叉子压一下。

用叉子蘸上蛋液，在面糊上压一下。

压过之后，面糊表面的不平就看不出来了。烘烤后，面糊膨胀起来就会是一个标准的圆形。

23 撒上杏仁碎。

在烤盘上撒一层杏仁碎，然后将多余的杏仁碎取出，放到别的容器里。

如果准备的面糊较多，建议在这一步冷冻保存。等想吃的时候，就直接拿出来放到烤盘上烘烤。

24 200℃烤25分钟，180℃烤6分钟。

放入预热到200℃的烤箱烤25分钟，然后将温度设定为180℃，再烤6分钟。

烘烤时千万不能打开烤箱，否则面糊就可能膨不起来。面糊中的水分变成水蒸气，从里面向外挤压，从而造成面糊膨胀。如果温度下降，水蒸气可能瞬间沉下去。

25 烘烤完毕。

当整体烤成了茶色，就算烤好了。戴着手套取出烤盘，然后放到冷却架上冷却。

一直保持200℃的高温，泡芙上的杏仁碎就会烤煳，所以等面糊膨胀起来，就要降低温度。

26 搅拌卡仕达酱。

将9从冰箱中拿出，倒入碗中，用木铲搅拌一会儿。刚开始卡仕达酱质地较硬，搅拌一会儿就会变软了。

这一步需要不停搅拌，还挺费力的。

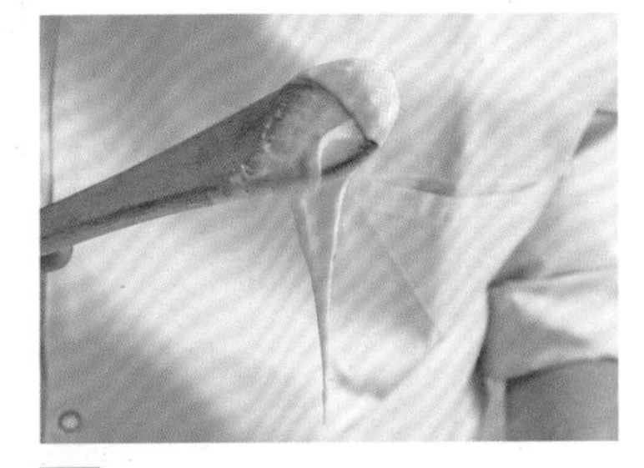

27 搅拌好的状态。

搅拌一会儿，拿起木铲后卡仕达酱像细线一样慢慢落下，就算可以了。搅拌到这种状态，大约要5分钟左右。

搅拌一会儿后，卡仕达酱味道会变得更浓郁香醇。

28 在泡芙底下开一个孔。

用筷子等工具（图中是烘焙专用的锥子）在泡芙底下开一个直径1cm左右的孔。

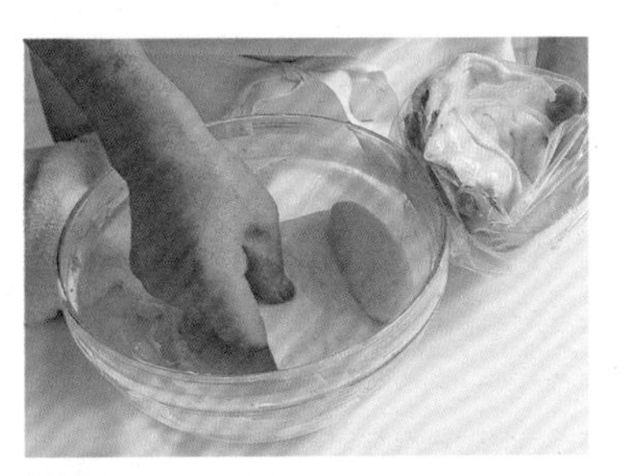

29 将卡仕达酱装入裱花袋中。

将圆形裱花头装在裱花袋上，要装得紧一些，防止卡仕达酱流出来。然后将27的卡仕达酱装入裱花袋中。

30 向泡芙里挤卡仕达酱。

从28开的孔向泡芙内挤卡仕达酱。要挤到卡仕达酱溢出为止。

31 马上底朝下放置。

挤完卡仕达酱后，马上底朝下放置。

朝上放置的话，泡芙上半部分就会变软，入口时口感不好。

主厨之声

我们店里使用的香草棒是比较软的，放到牛奶里直接加热就能煮出香味。如果大家买到质地较硬的香草棒，可以先在牛奶里泡软，然后再加热，这样香味就能出来了。

泡芙外皮膨胀的原因

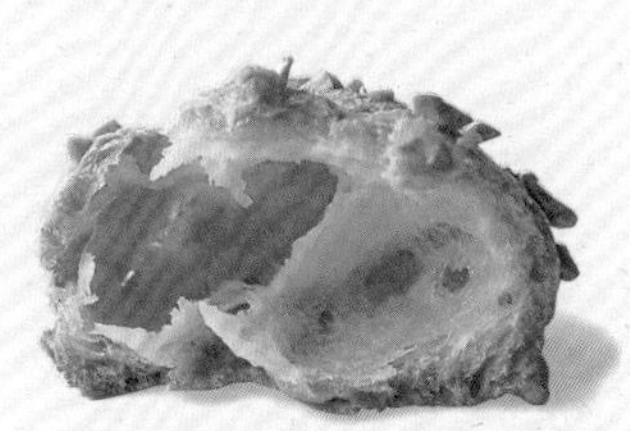

跟其他甜点相比，这款泡芙的面糊里含水量较多，烘烤过程中这些水分会变成水蒸气，从中心向外扩散，使面糊膨胀并形成空洞。要想多挤些卡仕达酱，就要形成较大的空洞。因此，在制作面糊时就要加热，使面粉变熟。

味道浓郁醇厚的奶酪蛋糕。
用蛋白糖霜打造轻盈的口感。

烤奶酪蛋糕

Fromage cuit

奶油奶酪要用手去揉捏

这是一款能体现奶油奶酪醇厚香味的烤奶酪蛋糕。因为使用了隔水烘烤的方法，从而形成了紧实软糯的独特口感。

制作时，**要用手揉奶油奶酪。**奶油奶酪质地较硬，像黏土一样，想让它变软是一件很难的事。所以，最好的方法是用手揉。将奶油奶酪握在手中反复揉捏，利用手的温度，能让奶油奶酪很快变软。对烘焙来说，**手也是重要的工具之一**哦。我用的是法国原产的“kiri”牌奶油奶酪。这款奶酪香味浓郁，很适合用来做奶酪蛋糕，而且在普通的超市也能买到。

最下面是美味的酥粒底

能吃到盐的结晶，这种感觉很奇妙。

用烤箱烤出美味的酥粒，然后切碎铺在蛋糕底下。酥粒由黄油、砂糖、面粉和盐制作而成，没有加鸡蛋，口感非常干爽酥脆。盐选用了颗粒较大的法国fleur de sel（盐花），吃的时候舌头能感觉到少许盐的结晶，这种口感独特又美妙。

我店里会用杏仁海绵蛋糕当底，当然也可以用玉米片和脆饼代替，或者干脆用剩下的杰诺瓦士海绵蛋糕（➡P58）。蛋糕底并不是一个可有可无的存在，**如果搭配得好，它能让奶酪蛋糕的味道锦上添花。**另外，如果没有蛋糕底，也无法顺利脱模。方子中的酥粒底单吃也很美味，希望大家不要怕麻烦，大胆尝试一下。

材料（直径15cm的圆形蛋糕1个份）

奶油奶酪…………………………200g
无盐黄油……………………………58g
牛奶…………………………………29g
砂糖①………………………………29g
蛋黄……………… 32g（约2½个）
鲜奶油（乳脂肪含量47%）……42g
蛋白……………… 48g（约1½个）
砂糖②………………………………12g
玉米淀粉……………………………8g
◎酥粒底（2个份，使用一半）
- 无盐黄油……………………100g
- 砂糖…………………………100g
- 低筋面粉……………………100g
- 法国盐花………………………2g

奶油奶酪用的是法国“kiri”牌的。法国盐花是一种结晶化的盐，如果没有可以用粗盐代替。

准备工作

- 烤箱预热到180℃。
- 准备好隔水烘烤需要的35℃热水。
- 低筋面粉过筛。

需要特别准备的东西

直径15cm的圆形模具（活底型）、塑料袋（有一定厚度的大号塑料袋）、擀面杖、抹刀、手持式打蛋器、平盘、冷却架。

烤箱

◎酥粒底
- 温度/180℃ ◎ 烘烤时间/18分钟

◎蛋糕（隔水烘烤）
- 170℃烤30分钟+150℃烤20分钟

最佳食用时间和保存方法

放置一天后，味道会变得更浓，比刚出炉时还好吃。除去盛夏之外，可以在室温下保存2天左右。

1 制作酥粒底。

将冷藏过的黄油放入碗中，用手揉碎。加入砂糖，用手混合均匀。然后按顺序加入低筋面粉和盐，每次加入都要按照同样的方法混合均匀。将所有食材揉到一起，装入塑料袋中，放进冰箱醒1小时以上。

即使有黄油块残留也不用在意。

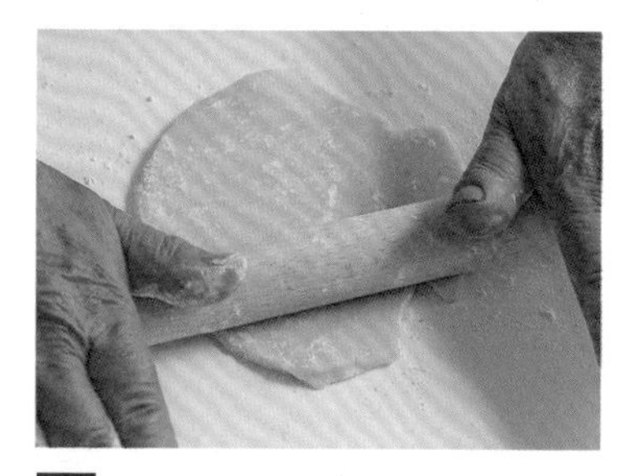

2 用擀面杖擀开。

取出一半的**1**，用擀面杖擀成圆形。擀成直径15cm左右就可以了。

这次只用其中一半，剩下的可以冷冻保存。也可以烘烤一下，直接食用。

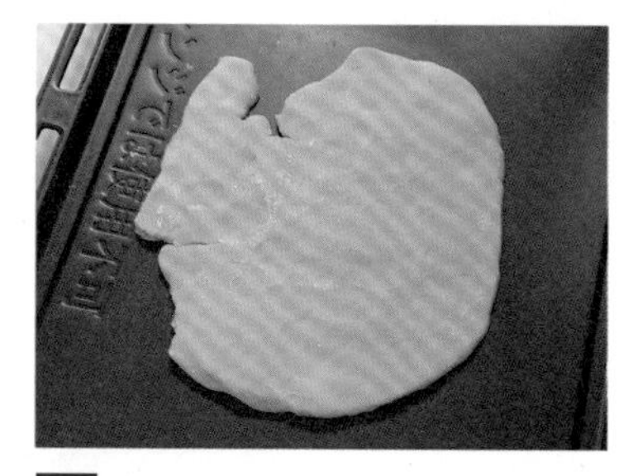

3 180℃烘烤。

将擀好的圆面饼放在烤盘中央，然后将烤盘放入预热到180℃的烤箱中，烘烤18分钟。

烤的过程中会膨胀，所以要放在烤盘中央。

4 切碎。

烤成像图中一样的深茶色，就算烤好了。从烤箱中取出，稍微冷却一会儿，用抹刀切成边长1cm的方块。

烤得比较焦，用抹刀一按就会自然裂开。

5 将酥粒铺到模具底部。

将切好的**4**均匀地铺到模具底部。铺的时候不能留有空隙。在烤箱中放一个冷却架，上面放一个平盘，将模具放在平盘上，然后预热到170℃。

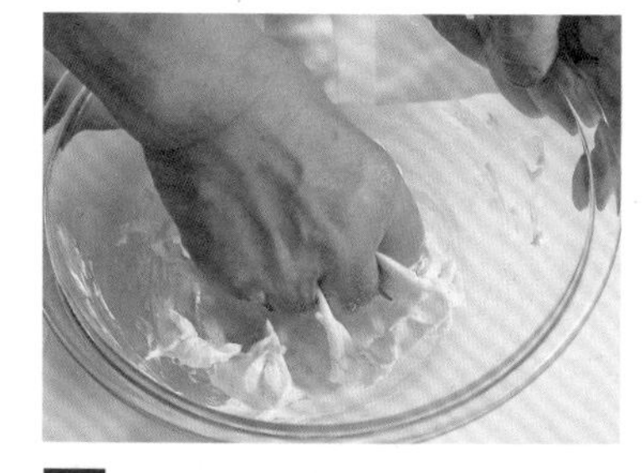

6 制作奶酪蛋糕的面糊。

将冷藏过的奶油奶酪和黄油放入碗中，用手握住揉捏，揉成没有大块的糊状。

不能揉太长时间，否则会产生分离现象，最后做出的蛋糕口感会变差。揉到还有些小块的状态就可以了。

7 加入牛奶，搅拌均匀。

分批少量地加入牛奶，用手搅拌均匀。

8 加入砂糖，搅拌均匀。

加入砂糖①，将打蛋器垂直放入碗中，用力搅拌直到混合均匀为止。

9 加入蛋黄，搅拌均匀。

加入蛋黄，用同样的方法搅拌均匀。

10 打发鲜奶油。

将鲜奶油倒入另一个碗中，用手持式打蛋器的低速挡开始打发，打发成黏稠的状态。

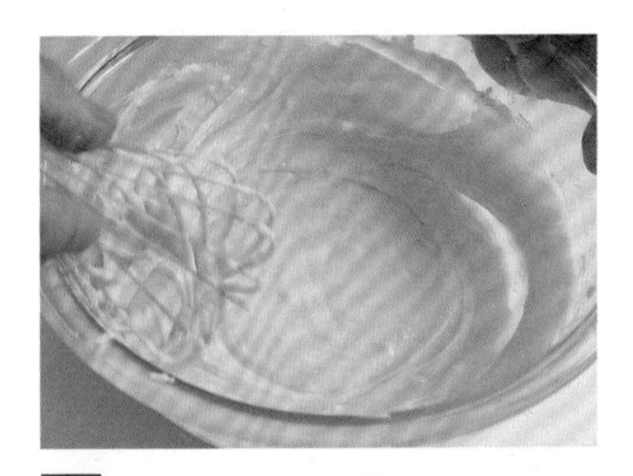

11 将鲜奶油加入9中。

将10加入9中，用打蛋器轻轻搅拌，使鲜奶油和面糊混合均匀。

12 制作蛋白糖霜。

将蛋白倒入另一个干净的碗中，用手持式打蛋器轻轻打散。加入砂糖②和玉米淀粉，打发到能立起尖角的状态。

加一些玉米淀粉，做出的蛋白糖霜质地更细腻，而且不容易塌。

13 加入蛋白糖霜，搅拌均匀。

将12一次性加入11中，用打蛋器搅拌均匀。搅拌完抬起打蛋器，面糊像丝带一样慢慢落下，就是理想状态。

搅拌到看不见白色的蛋白糖霜，就算可以了。

14 倒入模具中。

将5的模具放在平盘中央，倒入13的面糊。将准备好的35℃热水倒入平盘中，倒到1/3的位置即可。

15 隔水烘烤。

打开预热好的烤箱，将14的平盘放在冷却架上，开始隔水烘烤。在170℃下烤30分钟，150℃下烤20分钟。

为了在家庭烘焙中实现隔水烘烤，我想出了这种方法。也可以最底下放烤盘，上面放盛着热水的珐琅锅，然后将模具放在中央。

16 烘烤完毕。

表面烤成漂亮的浅茶色，用手按一下会回弹，就算烤好了。

用150℃烘烤时，如果蛋糕表面裂开，就要将温度调低20℃，然后继续按方子的时间烘烤。

17 脱模。

戴着手套将模具从烤箱中取出，放到一旁冷却。稍微冷却一会儿，将抹刀伸进模具内侧转一圈，把手放在蛋糕上，将模具翻过来，蛋糕就会掉到手里。将蛋糕放到其他容器上继续冷却。

CHECK

截面 隔水烘烤出的蛋糕质地柔软、口感细腻。下面的酥粒底也很酥脆可口。

口感柔滑、味道浓郁的生奶酪蛋糕。

生奶酪蛋糕

Fromage cru

cru在法语中是“生的”的意思。顾名思义，这是一款用生的奶酪制作而成的蛋糕。本来法国是没有这种蛋糕的，这是我自创的一个方子。我将口感柔滑、味道浓郁的奶油奶酪，跟口感酥脆的甜酥面团结合起来，创造出了这款生奶酪蛋糕。

方子中用到了吉利丁，为了防止吉利丁溶化，泡发时一定要用冰水。如果是夏天，最好放到冰箱里泡发。吉利丁泡软后从水中捞出，然后泡入白葡萄酒中。**一般想在甜点中增加酸味，都会选择柠檬，不过我觉得白葡萄酒的酸味更适合这款蛋糕。**其实我不喜欢将做好的甜点放进冰箱里，不过这款生奶酪蛋糕，还是冷藏一下更好吃。

材料（直径15cm的圆形蛋糕1个份）

奶油奶酪………………250g
牛奶……………………… 72g
砂糖……………………… 90g
┌ 吉利丁………………… 10g
└ 白葡萄酒……………100g
鲜奶油（乳脂肪含量47%）
………………………200g

◎甜酥面皮（2个份，使用一半）
┌ 无盐黄油……………120g
│ 糖粉…………………… 80g
│ 蛋黄…… 32g（约2½个）
│ 牛奶…………………… 12g
│ 低筋面粉……………200g
└ 干面粉（高筋面粉） 适量

◎装饰用的奶油
┌ 鲜奶油（乳脂肪含量47%）
│ ……………………300g
└ 砂糖…………………… 40g

奶油奶酪用的是法国“kiri”牌的。白葡萄酒要选带酸味的。

准备工作

- 吉利丁放入冰水中泡发，擦干水分后跟白葡萄酒一起放入小锅中，开火加热，直到吉利丁熔化。或倒入耐高温容器，放进微波炉加热，直至吉利丁熔化。
- 在冰箱冷藏室腾出空间。
- 烤箱预热到180℃。

需要特别准备的东西

直径15cm的圆形空心模具、手持式打蛋器、塑料袋（有一定厚度的大号塑料袋）、擀面杖、手套、冷却架、空心模具底板（或盘子）、温度计、拧干的湿布、蛋糕转台、抹刀、厨房用纸。

烤箱

- 温度/180℃ ◎ 烘烤时间/18分钟

最佳食用时间和保存方法

做好后当天食用最美味。剩下的一半甜酥面团，用保鲜膜包起来可以冷冻保存3个月。想做的时候拿到冷藏室自然解冻，然后揉一会儿，再按照同样的方法烘烤即可。

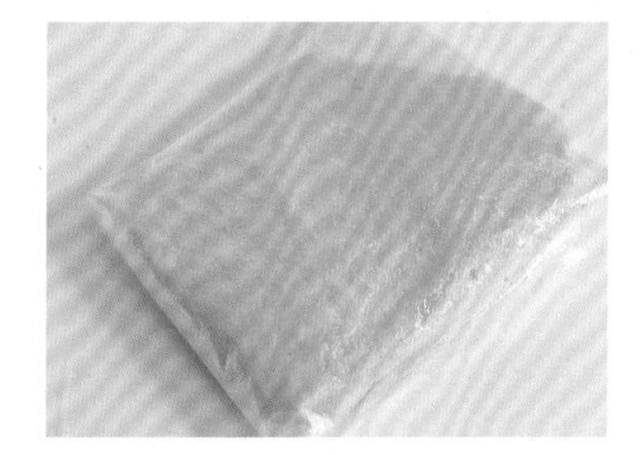

1 制作甜酥面团。

按照P18的步骤1~8做好甜酥面团，放入冰箱醒1小时以上。

2 将甜酥面团擀开。

将甜酥面团分成2等份，其中一份用擀面杖擀成比空心模具大一些的圆形。

做一个蛋糕只用一半的面团。剩下的面团用保鲜膜包住，可以冷冻保存3个月左右。下次准备用时，要先放到冷藏室解冻。

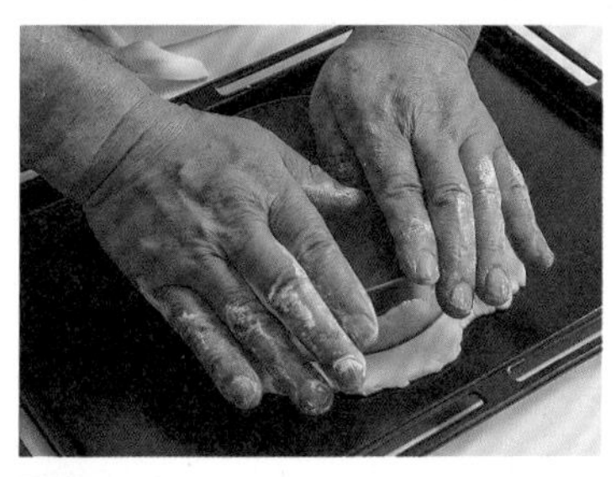

3 用空心模具切出一个圆形。

将2放到烤盘上，用空心模具切出一个圆形。

4 在180℃下烤18分钟。

取出切下的面团，将烤盘放入预热到180℃的烤箱中，烘烤18分钟。

切下的面团可以跟刚才剩下的面团放到一起冷冻保存。

5 烘烤完毕。

整体都烤成均匀的浅茶色，就算烤好了。戴着手套从烤箱中取出，稍微冷却一会儿后，放到冷却架上继续冷却。

6 用空心模具切去多余部分。

经过烘烤，面会膨胀一些，这时要再用空心模具切去多余部分。切完之后不用拿走模具，取走切下的面即可。

P82继续

7 在甜酥面团下铺一块板。

在空心模具和甜酥面团下铺上底板或盘子。这样步骤15就好操作了。

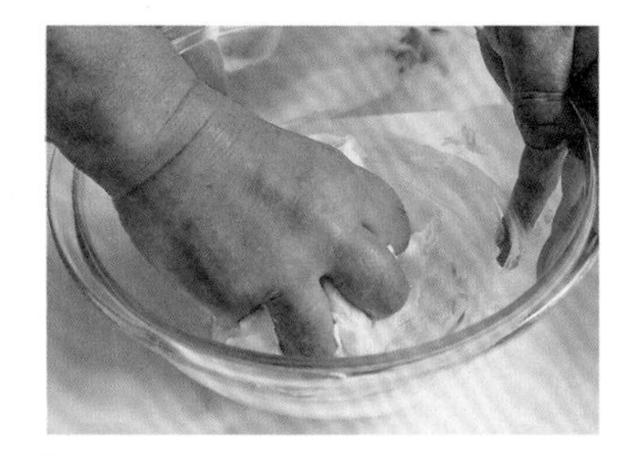

8 用手揉捏奶油奶酪。

将冷藏过的奶油奶酪放入耐高温的碗中，用手握住揉捏，揉成柔软的状态。

手上的温度能让奶油奶酪更快变软，所以这里直接用手操作。

9 加入牛奶，搅拌均匀。

分2~3次加入牛奶，每次加入都要用手充分搅拌。当奶油奶酪变成细腻黏稠的状态时，就算可以了。

10 加热面糊。

将9的碗底放在火上，边加热边用打蛋器搅拌，加热到20℃左右。

接下来要加砂糖和吉利丁，为了使它们更容易跟面糊融合，要将面糊稍微加热一下。除了上述方法，也可以用隔水加热或微波炉加热。

11 加入砂糖，搅拌均匀。

将砂糖加入10中，然后立起打蛋器慢慢搅拌。

低于20℃吉利丁会开始凝固，当面糊的温度降到20℃以下时，要再加热一会儿。

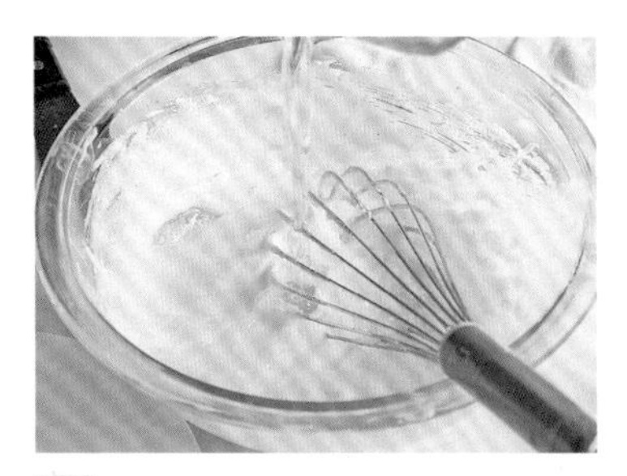

12 加入吉利丁液。

将准备好的吉利丁液加入11中，用打蛋器搅拌均匀。

如果吉利丁液凝固了，要用隔水加热（➡P91）或微波炉加热。

13 将鲜奶油打发。

将鲜奶油倒入另一个碗中，碗底浸入冰水里，用手持式打蛋器打发至三四分发。

打发到三四分，是指奶油稍微变黏稠、抬起搅拌头会迅速落下的状态。

14 将奶油加入面糊中。

将13加入12中，用打蛋器搅拌均匀。搅拌成细腻柔滑的状态，面糊就完成了。

15 将面糊倒入模具中，放入冰箱冷藏至凝固。

将14倒入7中。放入冰箱冷藏4小时以上。

摸一下面糊表面，如果感觉面糊有弹性而且凝固了，从冰箱中取出。如果面糊没有弹性，还会沾到手上，就要再冷藏一会儿。

16 取下模具。

用热毛巾包住模具四周，稍微等一会儿为模具加温。用手指从下往上抬蛋糕，慢慢将蛋糕从模具中取出，然后放到蛋糕转台或盘子中。

17 将装饰用的奶油打发。

将鲜奶油倒入碗中，碗底浸入冰水里。加入砂糖，用打蛋器打发至五分发。

用打蛋器搅拌时会留下些许痕迹，这就是五分发。如果奶油太稀，就会直接流下，无法停留在蛋糕上。

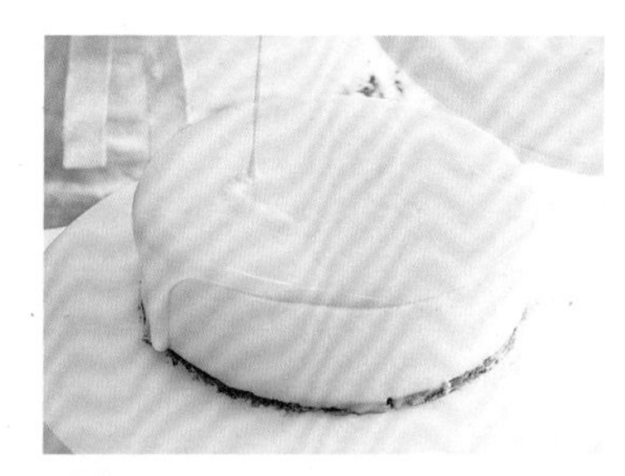

18 将奶油浇到蛋糕上。

将17的奶油浇到16上。有些奶油会流到侧面，所以要多浇一些。

19 将奶油均匀抹开。

用抹刀将蛋糕上的奶油均匀抹开。

将奶油抹平是一件技术活，如果对自己没信心，可以在浇奶油的同时轻轻震动桌子，这样奶油就会自然流下，形成一个平面。

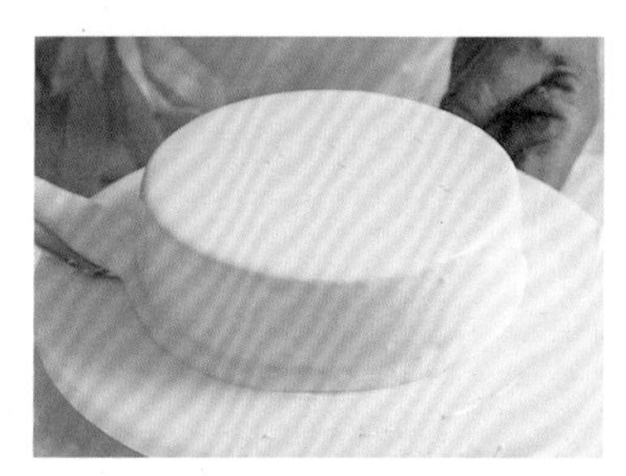

20 将侧面的奶油抹平。

用抹刀将侧面的奶油抹平，然后将多余的奶油刮去。

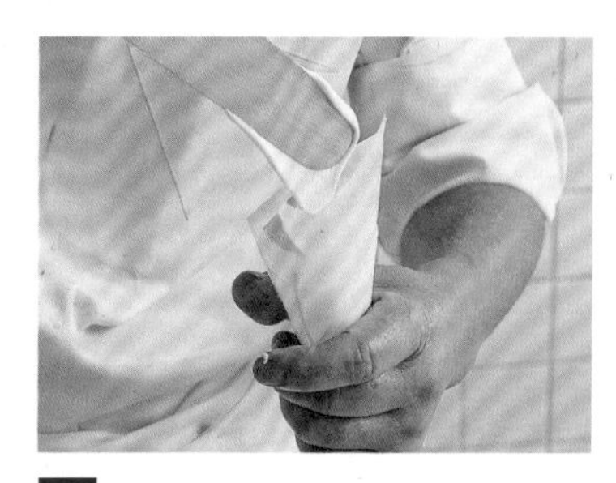

21 将奶油注入纸卷里。

用烘焙纸做一个纸卷（方法参照下图），注入17的奶油（七分位置）后封口，将尖端剪下2mm左右。

22 用奶油挤出花纹做装饰。

在蛋糕表面挤出自己喜欢的花纹。

用打发的鲜奶油在蛋糕表面挤出麦穗状的花纹装饰，也可以自由发挥挤出自己喜欢的花纹。

制作纸卷Cornet

Cornet是指用烘焙纸做的小型裱花袋。按照右图所示将烘焙纸剪开，A处为纸卷的尖，以它为中心将烘焙纸卷成圆锥形。使用时注入六七分的奶油，然后封口，等要挤的时候再剪开。这种纸卷被当做一次性裱花袋使用，一般用于挤文字或细致的花纹。

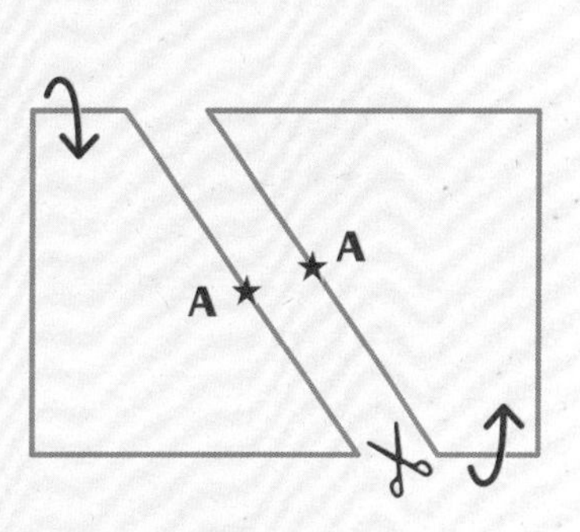

将洋梨罐头重新煮一下。这个小小的操作能让挞的味道更浓郁。

布鲁耶尔洋梨挞

Tarte aux poires Bourdaloue

甜酥面团是洋梨挞的基础

洋梨挞是一款历史悠久的法国甜点，我是从布鲁耶尔街上一家烘焙店学到的。大家听到名字可能会感到陌生，其实就是**将杏仁酱和洋梨蜜饯铺在挞皮上烘烤而成的。这两种看似不相干的食材，搭配出的味道却让人惊艳。**烤好的洋梨挞会散发出浓郁醇厚的香味，是当之无愧的法国经典甜点。

布鲁耶尔洋梨挞使用的挞皮是由甜酥面团制成的。除了甜酥面团外，还有很多面团能制作挞皮。但甜酥面团味道甜甜的，而且有一定的硬度，跟洋梨蜜饯和杏仁酱相得益彰。甜酥面团有很多不同的用途，所以在学习做挞时，先要学会做这种面团。

挞皮是挞的基础，**最关键的是学会如何将挞皮完美地铺到模具里。**剩下的就是放上自己喜欢的水果和馅料了。学会了最基础的挞皮，就能举一反三地做出各种不同的挞。

重新煮一下洋梨罐头，将它煮成甜甜的蜜饯

杏仁酱是制作挞时常用的奶油。经过烘烤，杏仁酱会散发出一种浓郁的香味，让整个挞的味道更有层次感。我个人认为，杏仁酱是最适合制作挞的奶油。杏仁酱的制作方法也很简单，只需将食材混合到打发即可。不过，打发时一定要避免混入空气，否认就无法打发成细腻柔滑的奶油。另外，为了让洋梨罐头更入味，可以将其放进锅里煮一下。这样洋梨就会变成甜甜的蜜饯，同时也能去除罐头中不好的味道。这种方法不限于洋梨，其他罐头也适用。煮好后再冷藏一晚，糖分就会慢慢渗入洋梨里。烘烤时，**糖分从表面渗出，就能烤成漂亮的金黄色。同时，蜜饯的汁跟杏仁酱充分融合，烤出的挞柔软多汁、风味独特。**

材料（直径16cm的挞1个份）

◘甜酥挞皮（2个份，使用一半）
- 无盐黄油……120g
- 糖粉……80g
- 蛋黄……32g（约2个）
- 牛奶……12g
- 低筋面粉……200g
- 干面粉（高筋面粉）……适量

◘杏仁酱
- 无盐黄油……62g
- ◘杏仁糖粉
  - 糖粉……62.5g
  - 杏仁粉……62.5g
- 鸡蛋……1个

◘洋梨蜜饯（方便制作的分量）
- 洋梨罐头……1罐（总量825g/固体量460g）
- 砂糖……70g
- 香草棒……1根

甜杏酱（装饰用）……适量

准备工作

◘甜酥挞皮
- ◉ 将黄油软化（➡P40）。
- ◉ 低筋面粉过筛。

◘杏仁酱
- ◉ 将黄油软化（➡P40）。
- ◉ 杏仁糖粉的材料一起过筛。

◘装饰
- ◉ 烤箱预热到180℃（正式烘烤前30分钟）。

需要特别准备的东西

直径16cm的挞模具（活底型）、锅、塑料袋（有一定厚度的大号塑料袋）、擀面杖、抹刀、手套、冷却架、刷子。

烤箱

◉ 温度/180℃ ◉ 烘烤时间/50分钟

最佳食用时间和保存方法

烤好后放到一旁冷却，放置1小时左右是最好吃的时候。要尽量在当天吃完。常温下可以保存到第二天。

1 制作洋梨蜜饯。

将洋梨罐头、罐头汁、砂糖和纵向切成两半的香草棒放入锅中，开火加热。

为了增加洋梨的甜味，同时去除罐头里不好的味道，要放到锅里煮一下。

2 用小火煮 30 分钟左右。

用小火煮30分钟左右，拿一根竹扦戳洋梨，如果能一下戳进去，就可以了。

洋梨本身质地较软，沸腾后很容易煮化，一定要用小火慢慢加热。

3 在冰箱冷藏一晚。

煮好后直接放在锅里冷却。稍微冷却一会儿，将洋梨倒入碗中，放入冰箱冷藏一晚。

冷藏一晚后，糖分会充分渗入洋梨中。

4 制作甜酥挞皮的面团。

将准备好的黄油放入碗中，用打蛋器搅拌成细腻柔滑的奶油状。

一定要搅拌成没有黄油块、细腻均匀的状态。

5 加入糖粉，搅拌均匀。

一次性加入所有糖粉，充分搅拌，直到变成略微发白的状态为止。

6 分 2 次加入蛋黄，每次加入都要充分搅拌。

分2次加入蛋黄，每次加入都要充分搅拌，使蛋黄和面糊混合均匀。

7 加入牛奶，搅拌均匀。

加入牛奶，充分搅拌，直到面糊变成黏稠的奶油状。

加一些牛奶，烤出的挞皮就会更柔软。

8 搅拌好的状态。

搅拌成细腻柔滑的状态，就算可以了。

搅拌好之后，要将粘在打蛋器上的面糊取下来，放回碗中。

9 边加低筋面粉边搅拌。

换成硅胶铲，边加低筋面粉边搅拌。

加面粉时要不停搅拌，这时可以两个人配合操作。

10 继续搅拌。

低筋面粉全部加入后，用硅胶铲继续从底部向上搅拌。

11 搅拌完成。

搅拌成看不见干粉的状态即可。

过度搅拌会导致口感变差。

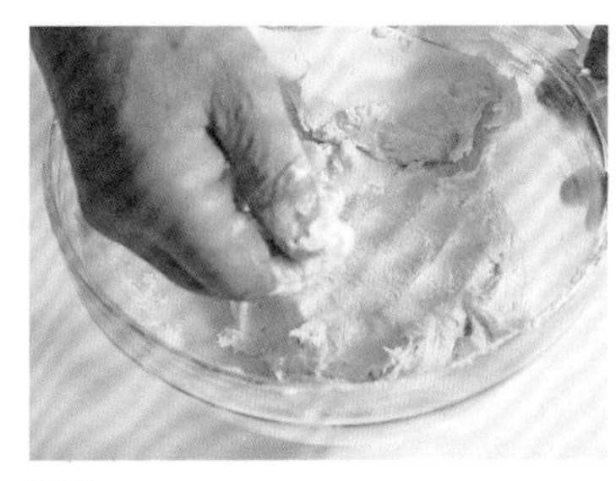

12 检查面团状态！

手上沾一些干面粉，在面团表面轻轻按2~3次，再将表面抹平。观察面团，看看是否残留有黄油块和干面粉。

如果发现黄油块和干粉，就再稍微揉一会儿。

13 调整面团形状。

在台面上铺一层塑料膜，将面团放在上面，然后揉成一团。手上沾一些干面粉，将面团压成厚2cm的片状。

冷藏后面团会变硬，要提前调整成方便揉的形状。

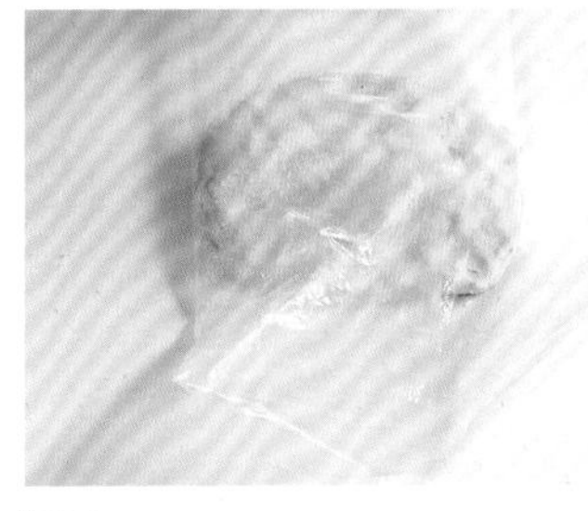

14 醒面。

用塑料膜包住13的面团，注意中间不要混入空气。放进冰箱醒1小时以上。

这一步醒面的过程很关键，一定要让面慢慢醒开。直接放进冷冻室降温，是无法达到相同效果的。

15 取出一半的面团。

将14的面团分成2等份，其中1份用于制作洋梨挞。

也可以只做出1个挞的面团，但为了方便操作，还是推荐方子中的配比。剩下的面团可以冷冻保存，等下次制作时再使用。

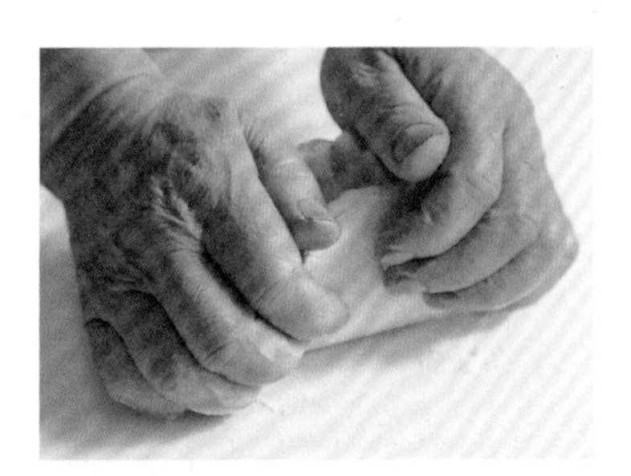

16 轻轻揉捏面团。

将15放到撒了干面粉的台面上轻轻揉捏。

从冰箱拿出的面团比较硬，要揉得软一些，方便后面的操作。

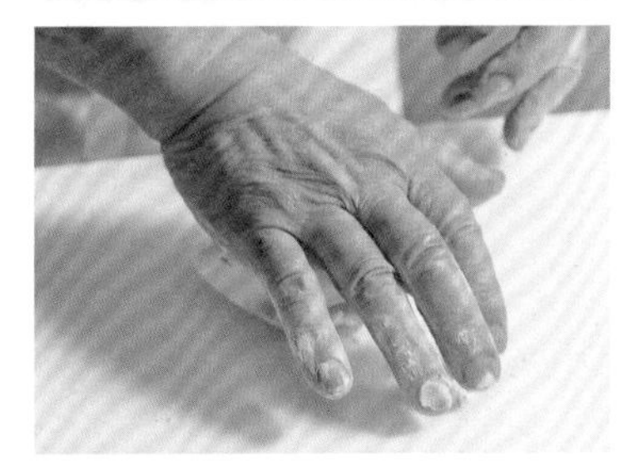

17 轻轻按压。

用靠近大拇指根部的位置轻轻按压，将16的面团压成厚1cm的圆片。

按成圆形，后面擀的时候就会方便很多。

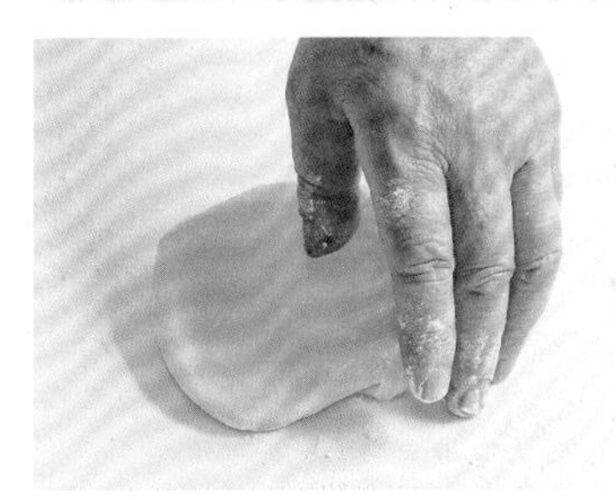

18 按成跟手掌大小差不多的圆形。

要按成跟手掌大小差不多的圆形。

P88继续

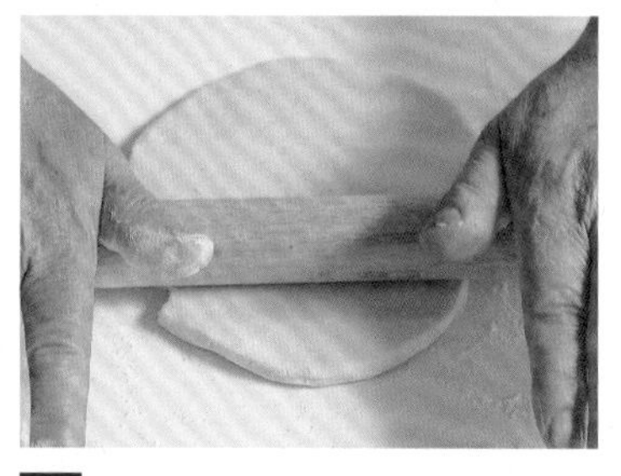

19 擀挞皮。

将擀面杖放在18的中央，用按压的手法向前后左右擀开。

用力一定要均匀。擀的时候也可以将塑料袋铺在面的上下。

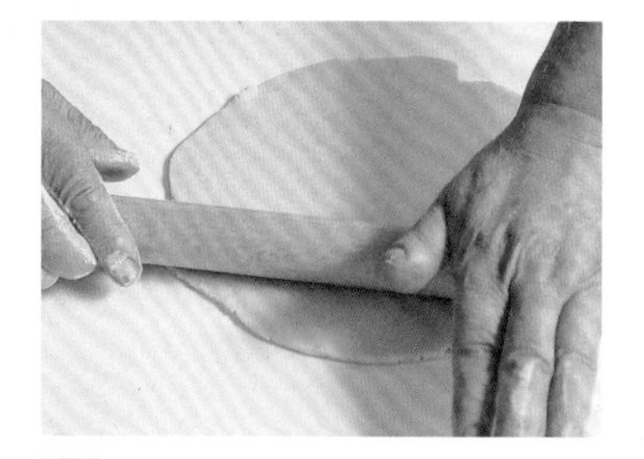

20 从中央斜向擀开。

在面上撒一些干面粉，用擀面杖从中央向四周斜向擀开。

为了擀成一个完整的圆形，要从中央慢慢向四周擀开。边缘稍微有些裂开也没关系。

21 将面转动一下，然后继续擀开。

擀一会儿就要稍微转一下面，这样才能均匀地擀开。

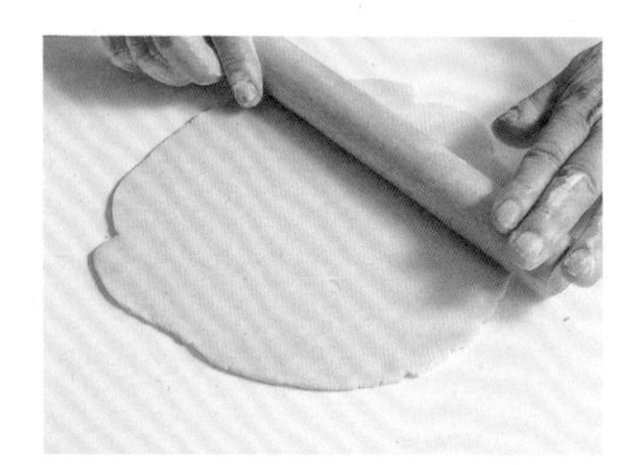

22 擀好的状态。

最后要擀成厚3mm，比模具大一圈的圆形。

擀的过程中如果面变软，可以用塑料袋包住，放进冰箱冷藏一会儿。

23 放到模具上。

将擀好的面放到模具上。

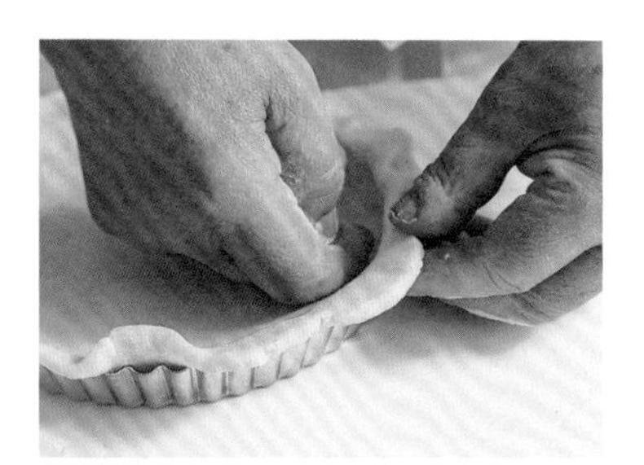

24 让面与模具紧密接触。

轻轻将面向模具内按压，让面与模具的底和侧面紧贴在一起。

★ 用手指按压侧面。

按照图中所示，用手指按压侧面，使面与模具紧贴在一起。靠近底的面会自然变平，稍微按几下即可。但是侧面一定要好好按压，否则烤的时候很容易裂开。

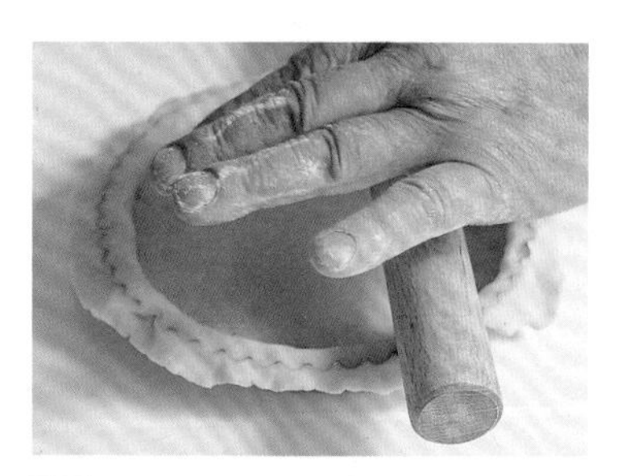

25 切下多余的面团。

用擀面杖在模具上擀几下，将多余的面团切下。

26 取走切下的面团。

将切下的面团取走。

切下的面团可以作为二次面团与15的面揉到一起。

27 用手按压，使边上的面厚度一致。

边转动模具边用手指按压，使模具边上的面厚度一致。

用指腹将较厚的部位轻轻向上捋，使面的厚度变得均匀一致。

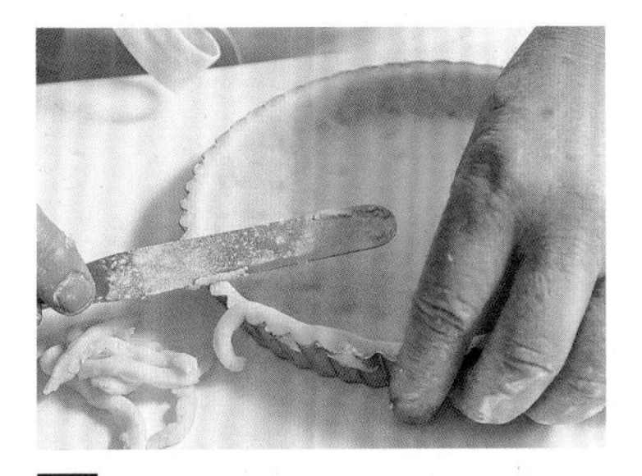

28 刮去多余的面团。

用抹刀将多出来的面团刮去。

刮下的面团也跟25中的一样，作为二次面团跟15揉到一起。

29 铺好的状态。

这样就算铺好了。在烘烤前要放进冰箱冷藏。

为了防止挞皮缩小或鼓起，通常会用叉子等工具扎一些小孔。不过，甜酥挞皮不太容易鼓起，而且洋梨挞的馅料也带有一定重量，所以就不用扎孔了。

30 制作杏仁酱。

将软化的黄油放入碗中，用打蛋器搅拌成黏稠的奶油状。加入筛过的杏仁糖粉，搅拌均匀。搅拌过程中不能混入空气。

为了使黄油更好地跟杏仁糖粉融合，要先搅拌成黏稠的奶油状。

31 加入鸡蛋，搅拌均匀。

加入鸡蛋，充分搅拌，直到鸡蛋与面糊完全混合。

如果在搅拌过程中混入空气，就无法做出细腻的杏仁酱。搅拌时要将打蛋器立起，抵住碗底画圈搅拌。

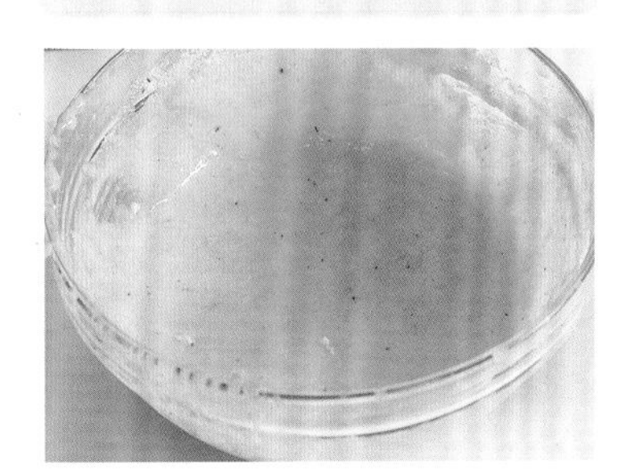

32 放入冰箱醒 1 个小时。

搅拌成细腻柔滑的状态后，放入冰箱醒1小时以上。

冷藏后软化的黄油会重新变硬，这样后面的操作就会方便很多。

准备烘烤

33 将杏仁酱倒在挞皮上。

将32的杏仁酱从冰箱中取出，用打蛋器稍微搅拌一下，倒在29的挞皮上，然后用抹刀抹平表面。进行这步操作前，先将烤箱预热到180℃。

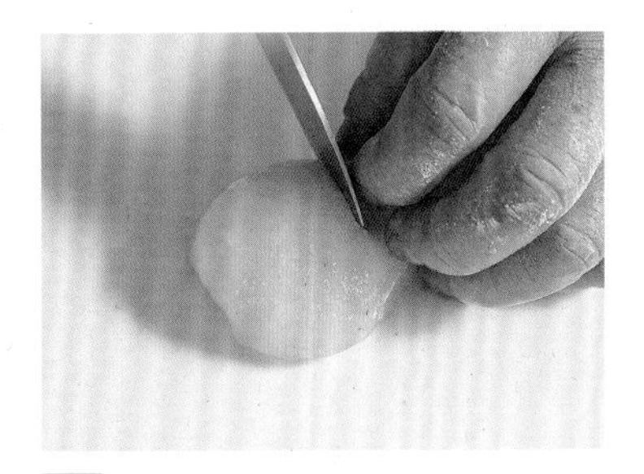

34 在洋梨上切几刀。

取出4块3的洋梨，沥干汁水后用刀切出几道深5mm的切口。

切口大小没有特殊规定，自己看着切就好。

35 将洋梨放到杏仁酱上。

如图所示，用抹刀拿起洋梨，轻轻放在33的杏仁酱上。

将洋梨摆成十字形，是这款洋梨挞的传统摆法。

P90继续

36 180℃烘烤。

将模具放入预热到180℃的烤箱中，烘烤50分钟左右。当表面和边缘都烤成漂亮的茶色时，就算烤好了。戴着手套从烤箱中取出，稍微冷却后脱模。

挞底颜色和边缘颜色是一致的。如果边缘还是发白的状态，意味着挞底也没烤熟。

37 煮甜杏酱。

将甜杏酱倒入锅中，去除果肉。加入1大匙水（分量外），开小火加热，将甜杏酱煮成黏稠的状态（➡参照P55）。

38 涂甜杏酱。

待36冷却后，用刷子趁热在表面涂一层甜杏酱。

主厨之声

可以一次只做1个挞的面团，但为了方便操作，还是推荐方子中的配比。面团可以冷冻保存3个月左右。也可以铺到模具上冷冻保存。

CHECK

截面 将面团铺到模具上时，如果按压得好，挞皮就能烤出漂亮的花边。

将水果罐头重新煮一下再使用

市面上买到的水果罐头普遍甜度不高，如果直接放到挞皮上烘烤，水果就会烤得很干。要想烤出像烘焙店一样甜软诱人的挞，一定要加一些砂糖，将罐头重新煮一下。

大家可以尝一下罐头汁，大多数都不会太甜，差不多就是15°Bé的甜度。一般甜点的甜度是18°Bé，所以要加一些砂糖，将水果煮成差不多的甜度。只有达到这个甜度，做出的甜点才会好吃。

煮的时候可以参照方子中的用量，然后自己亲自去尝。还有一点值得注意，一般市面上买到的水果罐头，都会带一些不好的罐头味，为了去除这种味道，还要加香草棒、柠檬皮这类比较香的东西。当然，也可以加豆蔻、小茴香、柑橘类的皮、红茶茶叶等。煮好后，为了让糖分充分进入水果中，还需要冷藏一晚。

经过这样的处理后，水果的味道就会更香甜浓郁，做出的甜点也更美味。

方子中没有体现的烘焙知识

［隔水加热和搅拌］

隔水加热主要分两种

隔水加热是一种间接加热的方式。具体操作是，在一个大的容器里倒入热水，然后将小一圈的容器放入其中。小容器里可以放上巧克力等需要熔化的东西，或者将大小容器一起放入烤箱隔水烘烤。

隔水熔化

面糊、黄油和巧克力这类东西，直接加热很容易糊，所以要利用热水的温度间接加热。熔化巧克力时，在大容器内准备好50~60℃的热水，然后将装着碎巧克力的小容器放入其中，慢慢搅拌使巧克力熔化。使用太热的水或搅拌速度太快，巧克力就很难熔化成细腻柔滑的状态。另外，如果不小心掺入热水或水蒸气，巧克力很容易产生分离或结块的现象，一定要多加注意。隔水熔化黄油时，也要用50~60℃的热水。

隔水烘烤

将盛着面糊的模具放入烤盘或平盘里，倒入30~35℃的热水，就可以开始隔水烘烤了。热水的量大概在模具1/3的位置。

几种常用的搅拌方法

“搅拌”这个操作是为了让各种食材融合到一起。搅拌方法不同，做出的面糊和奶油的状态也大相径庭。搅拌方法有很多种，下面就给大家介绍几种常用的方法。

擦底搅拌

用打蛋器或木铲沿着碗底，慢慢画圈搅拌。这样空气就不会进入食材里，而且食材也能充分融合。搅拌时要用手紧紧握住打蛋器或木铲，如果碗容易滑，可以在下面放一块湿抹布。碗比较深的话，搅拌时可以稍微倾斜打蛋器或木铲。

抄底搅拌

为了防止面糊中的气泡消失，可以用这种抄底搅拌法。操作时将硅胶铲或木铲插入底部，用抄起的手法搅拌。动作不要太大，否则气泡可能会消失。搅拌时要用一只手转动碗，另一只手拿铲子将食材铲起，当碗转动一下后，就翻过手腕，将食材倒回碗里。

用手持式打蛋器搅拌

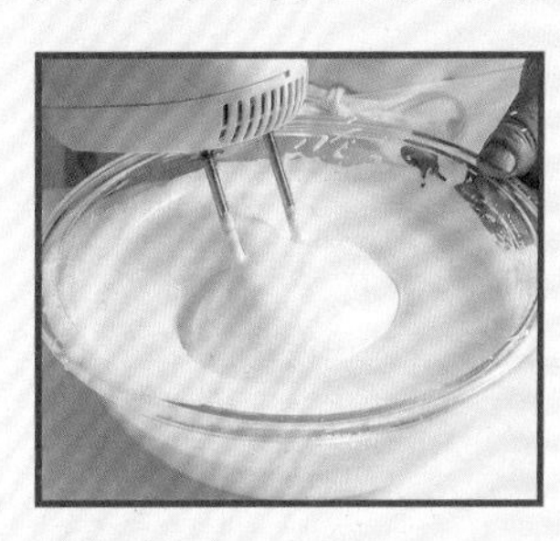

搅拌头启动后，不能固定不动，要在面糊里慢慢画圈。搅拌时要像图中一样，将整个搅拌头伸进面糊里，不过搅拌头尽量不要碰到碗。手持式打蛋器一定要保持垂直，否则面糊就会飞溅出来。

先单独烤挞皮，再倒入馅料一起烘烤。

法式柠檬挞

Tarte au citron

“citron”在法语中是柠檬的意思，顾名思义，这是一款清香酸甜的柠檬挞。像布丁一样软滑的柠檬馅和酥脆的挞皮形成对比，两种迥然不同的美妙口感令人欲罢不能。前面讲到的布鲁耶尔洋梨挞（➡P85），是**将挞皮和馅料一起烘烤而成的**。而这款法式柠檬挞，则是**先烤熟挞皮，再跟馅料一起烘烤**。挞皮总共要烤两次，所以第一次烤成整体发白、边缘变色的状态即可。

材料（直径16cm的挞1个份）

◎甜酥挞皮（2个份，使用一半）

- 无盐黄油……………120g
- 糖粉…………………80g
- 蛋黄……32g（约2½个）
- 牛奶…………………12g
- 低筋面粉……………200g
- 干面粉（高筋面粉）适量

蛋黄液…………………适量

◎柠檬馅

- 柠檬…………………2个
- 鸡蛋…………………2个
- 蛋黄…………………2个
- 砂糖…………………50g
- 熔化黄油（➡P41）… 33g

准备工作

- ◎ 将黄油软化（➡P40）。
- ◎ 低筋面粉过筛。
- ◎ 烤箱预热到180℃。

需要特别准备的东西

直径16cm的挞模具（活底型）、塑料膜（将有一定厚度的大号塑料袋剪开）、擀面杖、抹刀、厨房用纸（或卷纸）、重石（烘焙专用重石或小豆）、刨丝器、温度计、手套、冷却架、刷子

烤箱

- ◎ 温度/180℃
- ◎ 烘烤时间/挞皮18分钟、干燥2~3分钟、正式烘烤15分钟

最佳食用时间和保存方法

烤好后放到一旁冷却，放置1小时左右是最好吃的时候，也可以放进冰箱冷藏一会儿再吃。烤好的挞可以冷藏保存到第二天。柠檬馅可以冷藏保存2~3天。

1 制作甜酥挞皮。

参照P86~89的步骤4~29，做好挞皮并铺到模具里。

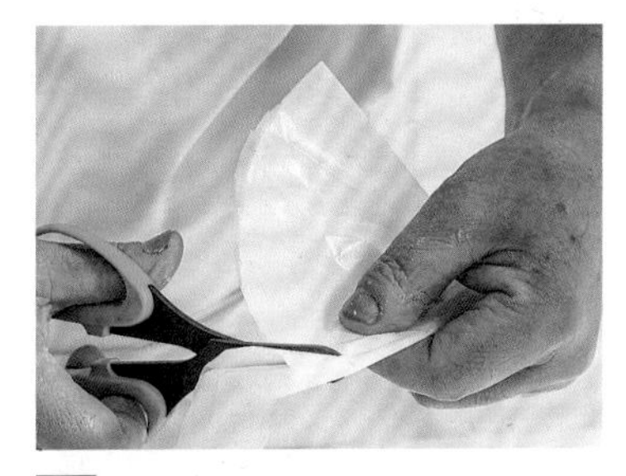

2 准备铺在挞皮上的纸。

将厨房用纸剪成边长25cm的正方形，对折两次，然后剪成比挞模具半径长4~5cm的扇形。

3 铺到挞皮上。

将剪好的纸铺到2的挞皮上，用手指在底和侧面位置折出折痕。

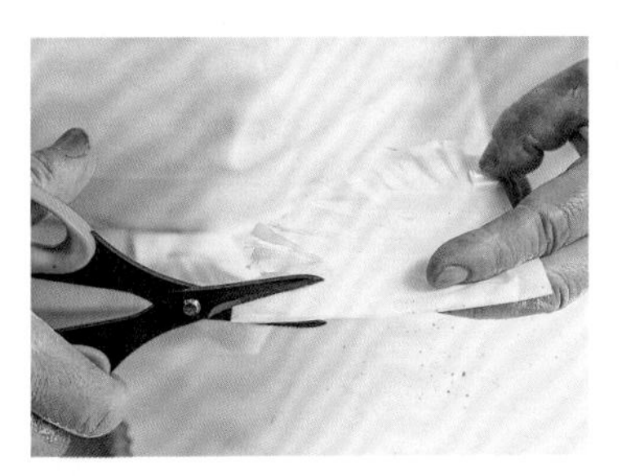

4 将边剪开。

将3的纸重新对折成扇形，然后按照图中所示将弧形的边剪开，剪的长度为距离折痕1cm左右。

5 铺到挞皮上。

将4展开，铺到挞皮上。

烘烤过程中纸容易起皱，直接将纸铺到挞皮上，烤好的挞皮表面就会不平整。所以要将纸的边剪开，防止纸起皱。

6 铺好的效果。

铺的时候要沿着挞皮的弧度，让纸跟挞皮紧贴在一起。

P94继续

7 铺上重石，放入烤箱烘烤。

为了防止挞皮鼓起，要在纸上铺一层重石。然后放入预热到180℃的烤箱中，烘烤18分钟左右。

烘烤时可以用图中所示的烘焙专用重石，也可以用小豆、米等代替。

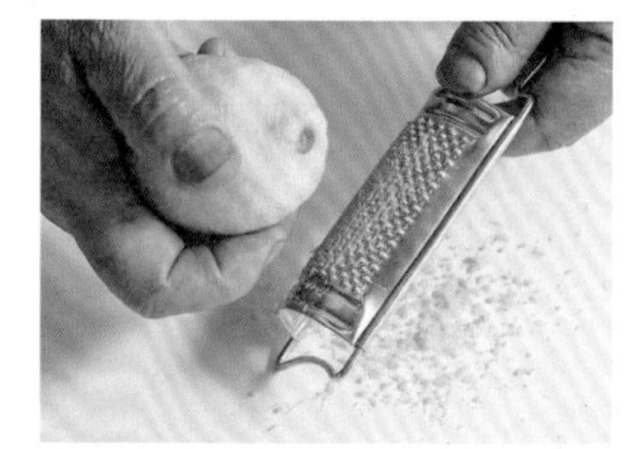

8 制作柠檬馅。

用刨丝器刨下黄色的柠檬皮。

刨皮的时候只能刨黄色部分，白色部分带有苦味，会影响挞的味道。残留在刨丝器上的柠檬皮也要用刷子刷到碗里。

9 榨果汁。

将柠檬对半切开，用榨汁器榨出果汁，然后跟刨下的柠檬皮混合到一起。

榨汁前要去除柠檬核。

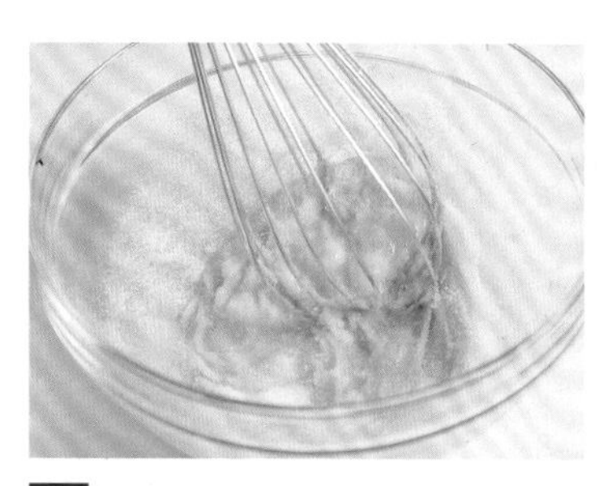

10 将鸡蛋和砂糖混合。

将鸡蛋和蛋黄打散在碗中，加入砂糖，用打蛋器搅拌均匀。

11 加入柠檬，搅拌均匀。

加入柠檬皮和柠檬汁，搅拌均匀。

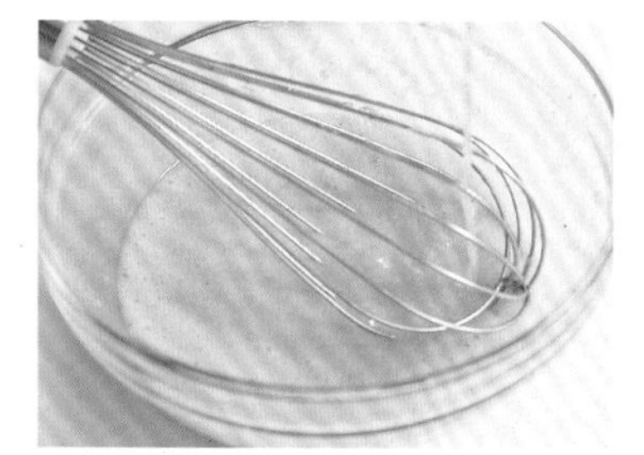

12 加入熔化黄油，搅拌均匀。

用微波炉或隔水加热法将熔化黄油加热到50℃左右，倒入11中，搅拌均匀。

为了使熔化黄油更好地跟其他食材融合，要先加热一下。但是，超过50℃鸡蛋就会凝固，所以一定要控制好温度。如果使用微波炉，要以10秒为单位加热并不时确认黄油温度。

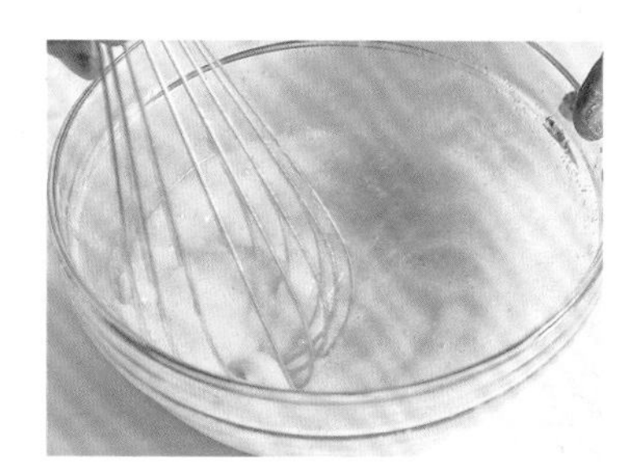

13 制作完成。

搅拌均匀后，柠檬馅就完成了。

柠檬馅可以在冰箱冷藏保存2~3天，等烘烤时直接倒入模具即可。冷藏后的柠檬馅可能变硬，不过没关系，烘烤后就能变成细腻软滑的状态。

14 挞皮烘烤完成。

确认烘烤状态，挞皮边缘如果变色，就算烤好了。戴着手套从烤箱中取出。

边缘的颜色与底部的颜色一致。如果边缘没有变色，可以再烤5分钟左右，这段时间要时刻观察烘烤情况。

15 取走重石。

用大勺等工具取走重石。继续将烤箱预热到180℃。

模具和重石温度都很高，注意不要烫伤。

16 揭下铺在挞皮上的纸。

慢慢揭下铺在挞皮上的纸，尽量不要破坏挞皮。

17 涂蛋液。

用刷子在挞皮上涂一层蛋液。

柠檬馅渗入挞皮里，很容易导致挞皮碎裂，为了避免这种情况，要在挞皮上涂一层蛋液做保护。

18 放入预热到180℃的烤箱烘干。

将挞皮放入预热到180℃的烤箱中2~3分钟，烘干表面的蛋液。烤箱继续保持180℃。

19 倒入柠檬馅。

将**13**的柠檬馅倒在挞皮上。

20 180℃烘烤。

将模具放入预热到180℃的烤箱中，烘烤15分钟。

当表面像布丁一样凝固起来，就算烤好了。这款柠檬馅的质地本身就很像布丁，如果继续烤，很容易产生分离现象。

21 冷却。

烤好后，戴着手套将其从烤箱中取出，放到冷却架上冷却。稍微冷却一会儿就可以脱模了。

挞的三种烘烤方式

不同的挞，采用的烘烤方式也大相径庭，这主要是因为馅料的性质不同。比如法式柠檬挞和布鲁耶尔洋梨挞，前者是先烘烤挞皮，后者则是将挞皮和馅料一起烘烤。

容易熟的流体型馅料

➡ 先将挞皮烤成边缘变色的状态，再跟馅料一起烘烤。（例：法式柠檬挞）

不太容易熟的流体型馅料

➡ 直接将馅料倒在挞皮上，然后一起烘烤。（例：布鲁耶尔洋梨挞）

用卡仕达酱和水果当馅料，这两者不用烘烤

➡ 将整个挞皮烤成茶色，然后将馅料放入其中。

外皮干爽酥脆，内芯湿润细腻。
这种口感是法式甜点的特征。

脆皮巧克力蛋糕

Biscuit au chocolat

不要顾虑太多，大胆将蛋白打发

这款脆皮巧克力蛋糕外皮干爽酥脆、内芯湿润细腻，带着浓郁香醇的巧克力味。

制作时最关键的步骤是蛋白的打发。**蛋白一定要打发得很彻底，**如果担心打发过度而中途停止，就无法做出这样的口感了。加了巧克力后，面糊就会变硬很多，按照我们的行话说是“变紧了”，如果不加入彻底打发的蛋白糖霜做调剂，蛋糕就无法顺利膨胀。因此，**一定要制作出质地细腻、能立起尖角的蛋白糖霜。**

这是一款以巧克力为中心的蛋糕，所以蛋糕是否美味，取决于巧克力的品质。我做的所有巧克力甜点，用的都是考维曲巧克力。跟普通巧克力相比，考维曲巧克力在风味、香味和口感上都略胜一筹。考维曲巧克力有很多种，每种的可可含量都不一样。烘焙时，要根据不同的甜点选择不同可可含量的巧克力。

方子中的配比，是一次制作的最小量

方子中的配比是两个蛋糕的量，这是在**家庭烘焙中不会失败的最小量。**蒸1人份的米饭和做1人份的味噌汤都比较容易失败，这一点在烘焙中也是同理的。只有做到一定的量，才更容易操作，做出的甜点也更好吃。请大家严格按照方子的配比，一次做出两个蛋糕的面糊。

材料（直径15cm的圆形蛋糕2个份）

考维曲巧克力（可可含量53%）……116g
鲜奶油（乳脂肪含量47%）…116g
无盐黄油……84g
蛋黄……84g（约4个）

◎蛋白糖霜
- 蛋白……128g（约4个）
- 砂糖……164g
- 低筋面粉……48g
- 可可粉……44g

这里使用的考维曲巧克力是法芙娜牌的“EXTRA NOIR”圆片形巧克力。

需要特别准备的东西

直径15cm的圆形模具（活底型）、小锅2个、刷子、手持式打蛋器、手套、冷却架

烤箱

- 温度/150℃
- 烘烤时间/45分钟

最佳食用时间和保存方法

刚烤好后放置到冷却，是最好吃的时候。包上保鲜膜，可以在室温下保存2~3天。不过还是建议尽快吃完。放进冰箱会导致蛋糕变干，不推荐这种保存方法。

1 将粉类一起过筛。

将低筋面粉和可可粉一起过筛。

2 熔化黄油。

将黄油从冰箱中取出，切成适当的大小，放入锅中，边用打蛋器搅拌边开中火加热。当黄油完全熔化时，关火。舀出1大匙澄清黄油（➡P41），用来涂模具。

3 在模具上涂一层澄清黄油。

用刷子在模具上涂一层**2**的澄清黄油。

要使用温热的澄清黄油，薄薄地涂一层。

4 加热鲜奶油。

将鲜奶油倒入另一个小锅中，开中火加热，沸腾后关火。

5 跟巧克力混合到一起。

将巧克力放入碗中，倒入**4**的鲜奶油。用打蛋器慢慢搅拌，直到巧克力全部熔化为止。

要从中心开始慢慢画圈搅拌，使巧克力完全熔化。胡乱搅拌巧克力很容易分离。

6 加入熔化黄油，搅拌均匀。

加入**2**，用打蛋器慢慢搅拌，直到混合均匀。

搅拌时动作一定要慢，从中心开始小幅度画圈搅拌。动作太大容易导致分离。

7 加入蛋黄，搅拌均匀。

分2次加入蛋黄，每次加入都要充分搅拌。搅拌成细腻有光泽的状态就可以了。

搅拌时要尽量避免混入空气。巧克力面糊的温度比人体体温高一些，加入鸡蛋就不会凝固，更容易搅拌成细腻柔滑的状态。

8 打发蛋白，制作蛋白糖霜。

将蛋白倒入大碗中，用手持式打蛋器的高速挡打发。在气泡较大时分几次加入砂糖。

要打发成有光泽、能立起尖角的硬质蛋白糖霜。

9 打发成能立起尖角的状态。

一定要充分打发，最后打发成能立起尖角的状态。

打发至蛋白完全膨胀，拿起搅拌头后能立起尖角且能保持一段时间，这样就是理想状态。

10 将蛋白糖霜和巧克力面糊混合。

将一半的9倒入7中，用打蛋器搅拌均匀。

11 加入粉类，搅拌均匀。

加入1中筛过的粉类，换成硅胶铲，轻轻搅拌。稍微剩一些干粉也没关系。

残留在打蛋器上的面糊，也要用手取下，放回碗中。

12 加入剩下的蛋白糖霜。

加入剩下的蛋白糖霜，充分搅拌。用硅胶铲从底部向上搅拌30~40次，就差不多了。

13 搅拌好的状态。

看不见白色的蛋白糖霜，整体呈现出细腻有光泽的状态，就可以了。

一定不能搅拌过度。当面糊变成细腻有光泽的状态，就要停下。

14 倒入模具中。

将13的面糊倒入3中涂好黄油的模具中，倒到六分满的位置即可。

15 150℃烘烤。

将模具放入预热到150℃的烤箱中，烘烤45分钟。烤好后先观察一下，蛋糕表面会变干并产生漂亮的裂纹，用手按一下能感觉到回弹，就算烤好了。戴着手套从烤箱中取出，往台面上重重放2次，进行排气。

16 脱模后冷却。

稍微冷却一下后脱模，然后放到冷却架上继续冷却。

制作这款蛋糕的关键是用高温在短时间内烘烤完成。
外面是紧实的巧克力蛋糕，里面是软软的内芯。

软芯巧克力蛋糕

Chocolat moelleux

将冷藏过的面糊用高温烤成半生状态

“moelleux”在法语中是“柔软”的意思。这款蛋糕在日本很有人气，我在很多地方都见过它。不过，它不是近几年才诞生的新品种，而是一款有着悠久历史的法式甜点。

将它切成两半，可以看到**蛋糕的外面很紧实，而内芯则是软软的。**要想达到这种效果，就**一定要控制好火候，**将内芯烤成半生状态。

烘烤前，要先将面糊冷藏至凝固，然后用高温在短时间内烘烤，这样就能烤出内外不同口感的蛋糕了。烤好之后，如果直接放在烤箱中不管，余热会将半生的内芯烤熟，所以要尽快将蛋糕从烤箱中拿出并脱模。这一点一定要牢牢记在心里。

制作时要注意巧克力的温度

制作巧克力甜点时，最需要注意的就是温度。温度稍微降低，巧克力就容易凝固。**巧克力和鸡蛋需要的温度不同，**稍不注意两者就会分离。鸡蛋是冷藏过的，为了避免鸡蛋的低温使巧克力凝固，要预先加热巧克力，然后分批少量地将鸡蛋加入其中。这样温度才能慢慢下降，最后使鸡蛋和巧克力完全融合，变成细腻柔滑的面糊。

制作时使用的考维曲巧克力是法芙娜牌的“JIVARA LACTEE”巧克力，可可含量为40%。当然**不是非这款巧克力不可，只要是适合直接吃的甜度，就可以**用来做这款蛋糕。

材料（直径5cm的蛋糕10个份）

无盐黄油························ 100g
考维曲巧克力（可可含量40%）
······························ 100g
砂糖······························70g
鸡蛋······························2个
低筋面粉··························80g
泡打粉···························· 3g
澄清黄油（➡P41）··········· 适量

这里使用的考维曲巧克力是法芙娜牌的“JIVARA LACTEE”巧克力（可可含量40%）。

准备工作

◉ 将黄油软化（➡P40）。
◉ 在烤盘中铺一层烤箱用垫纸（或厨房用纸）。
◉ 低筋面粉和泡打粉一起过筛。
◉ 烤箱预热到220℃（开始烘烤前30分钟）。

需要特别准备的东西

10个直径5cm的空心模具、单柄锅、烤箱用垫纸（或厨房用纸）、温度计、裱花袋、圆形裱花头（口径10mm）、手套、冷却架、小号尖刀（或小号抹刀）。

烤箱

◉ 温度/220℃　◉ 烘烤时间/10~11分钟

最佳食用时间和保存方法

刚出炉时热热的状态是最好吃的。稍微放凉一点，也很美味。步骤10完成后，可以将模具取下，用保鲜膜将面坯包住冷冻保存。想烘烤时，再将面坯重新放入涂了黄油的模具中烘烤即可。

软芯巧克力蛋糕的制作方法

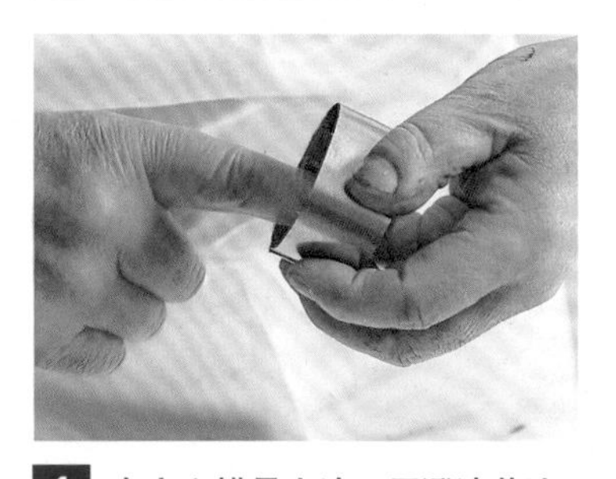

1 在空心模具上涂一层澄清黄油。

用手指在空心模具内侧涂一层温热的澄清黄油。将空心模具摆在铺了一层烤箱用垫纸的烤盘上。

2 用隔水加热法熔化巧克力。

将巧克力放入碗中，碗底浸入60℃左右的热水里，开始用隔水加热（➡P91）法熔化巧克力。巧克力完全熔化后从热水中取出，边搅拌边使其降到35~40℃。

巧克力要降到稍微比人体体温高一些的温度。

3 将黄油和巧克力混合到一起。

用打蛋器将冷藏过的黄油搅拌成黏稠的奶油状（➡P40），加入**2**，搅拌均匀。

4 加入砂糖，搅拌均匀。

加入砂糖，用打蛋器充分搅拌，直到混合均匀为止。

5 将鸡蛋一个一个地加入碗中，搅拌均匀。

将鸡蛋一个一个地加入碗中，用打蛋器充分搅拌。搅拌到看不见鸡蛋时，再加入下一个。

6 一定要搅拌均匀。

当巧克力和鸡蛋完全融合，整个面糊变成细腻柔滑的状态，就可以了。

7 加入粉类，搅拌均匀。

将准备好的粉类筛入碗中，搅拌均匀。

搅拌时要幅度大、动作轻，不能让空气混入面糊里。混进空气的面糊在烘烤时会膨胀得很大，但冷却后又会塌下来。

8 搅拌好的状态。

巧克力、鸡蛋和粉类完全融合，整个面糊变成细腻有光泽的状态。

9 将面糊挤入模具中。

将圆形裱花头装在裱花袋上，要装得紧一些，防止面糊流出来。将**8**的面糊装进裱花袋里，再挤入空心模具中，挤到八分满的位置即可。

10 放入冰箱冷藏至凝固。

将9的烤盘放入冰箱，冷藏2小时左右，使面糊凝固。

使面糊凝固是制作软芯巧克力蛋糕最关键的一步。

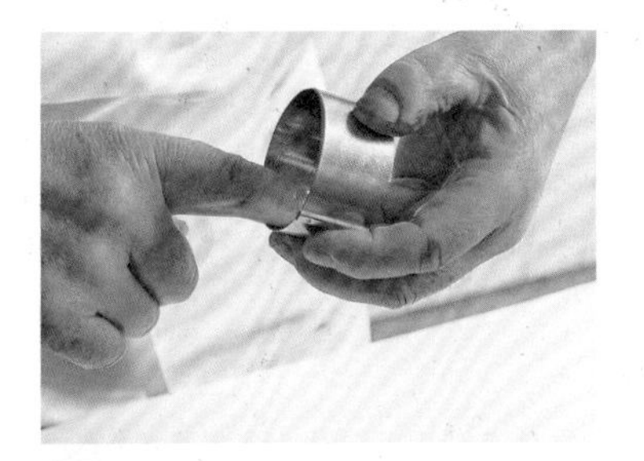

11 在空心模具上再涂一层黄油。

将10脱模，在空心模具内侧再涂一层黄油，然后套回面糊上。

这款蛋糕很容易粘在模具上，所以要涂2次黄油。这一次要涂得厚一些。

12 220℃烘烤。

将烤盘放入预热到220℃的烤箱中，烘烤10~11分钟。烤好后观察蛋糕表面上的裂纹，如果透过裂纹能看到中间没干的面糊，就是最理想的状态。

13 从烤箱中取出。

从烤箱中取出，马上从烤盘转移到冷却架上冷却。刚出炉的蛋糕很热，为了避免烫伤，这步之后都要戴手套。

为了防止余热将半生的内芯烤熟，要尽快转移到冷却架上冷却。这之后的操作，动作要尽量快！

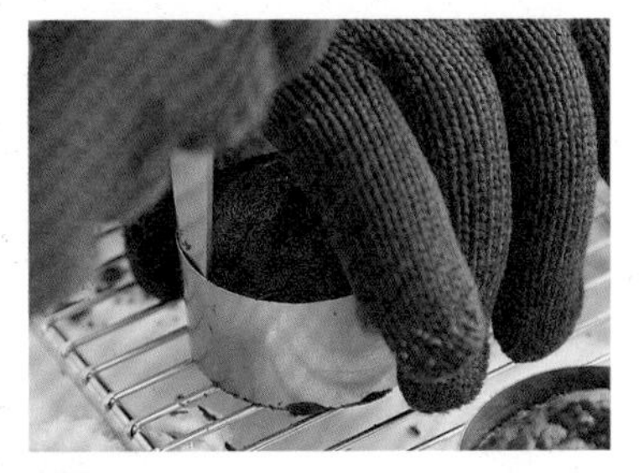

14 脱模。

马上进行脱模。将小号尖刀或小号抹刀插入模具和蛋糕之间，转一圈后将蛋糕取出。

模具上也有一定的余热，这一步动作也要快！

15 完成。

趁热吃是最好吃的。刚出炉时，蛋糕膨胀得很厉害，冷却后会稍微塌一些。冷却时要放到冷却架上。

CHECK

截面 外侧完全烤熟，内芯则是有光泽的半生状态。再稍微加热一会儿，就会变成整个烤熟的普通巧克力蛋糕。这种恰到好处的火候一定要掌握好。

只要做好意式蛋白糖霜，
就能做出美味的慕斯。

巧克力慕斯

Mousse au chocolat

将糖浆加热到120~122℃

入口即化的柔滑慕斯，**缔造出这种美妙口感的关键是意式蛋白糖霜。**

在打发好的蛋白中，加入用砂糖和水做成的热糖浆，就是意式蛋白糖霜。它的特征是细腻坚挺的气泡。除此之外，热的糖浆还能起到给蛋白杀菌的作用。

要想做出口感柔滑的慕斯，一定要用质地细腻的意式蛋白糖霜。制作意式蛋白糖霜时，一般会使用118~120℃的糖浆，但为了使慕斯口感更轻盈，我们店里一直使用120~122℃的糖浆。

判断糖浆温度的方法有很多。专业糕点师经过训练，可以通过气泡大小判断糖浆的温度，大家可以使用温度计测量。

将砂糖和水倒入锅中，开中火加热，同时要开始打发蛋白。当打发到八分发时，就可以倒入加热到120~122℃的糖浆了。**这一步尽量由两个人配合操作。**之后边搅拌均匀边待其冷却，这样做出的意式蛋白糖霜，在室温下放2~3小时都不会变形。

巧克力加热到35℃，鲜奶油打发到五六分发

巧克力要加热到35℃左右，再倒入搅拌成奶油状的黄油里。这是为了防止面糊凝固。鲜奶油打发到五分发，然后分2次加入其中。最后，一次性加入所有的意式蛋白糖霜并搅拌均匀，面糊就做好了。

材料（方便操作的分量）

考维曲巧克力（可可含量55%~60%）…… 160g
无盐黄油……80g
鲜奶油（乳脂肪含量47%）… 270g

意式蛋白糖霜
- 蛋白…… 55g（约2个）
- 砂糖…… 110g
- 水……37g

这里使用的考维曲巧克力是法芙娜牌的“CARAQUE”巧克力（可可含量55%~60%）。面糊中要加入甜度高的意式蛋白糖霜，所以要使用可可含量稍高一些的巧克力，这样慕斯的味道更有层次感。蛋白要用新鲜的。

准备工作

- 将黄油软化（➡P40）。
- 准备好隔水加热用的60℃热水。

需要特别准备的东西

锅（隔水加热用）、单柄锅（小，制作糖浆用）、温度计（最高测量温度200℃）、手持式打蛋器、裱花袋、星形裱花头（口径12mm）。

最佳食用时间和保存方法

做好面糊后挤出，连同容器一起放入冰箱冷藏一会儿，这时的慕斯是最好吃的。将面糊放入密封容器，可以冷藏保存2天左右。也可以冷冻保存，不过冷冻后就变成慕斯风的冰淇淋（➡P107）了。

1 用隔水加热法熔化巧克力。

将巧克力放入碗中，用隔水加热（➡P91）法熔化，熔化过程中用硅胶铲不停搅拌。完全熔化后，使其保持在40~45℃。

隔水加热时，推荐使用传热快的不锈钢碗。

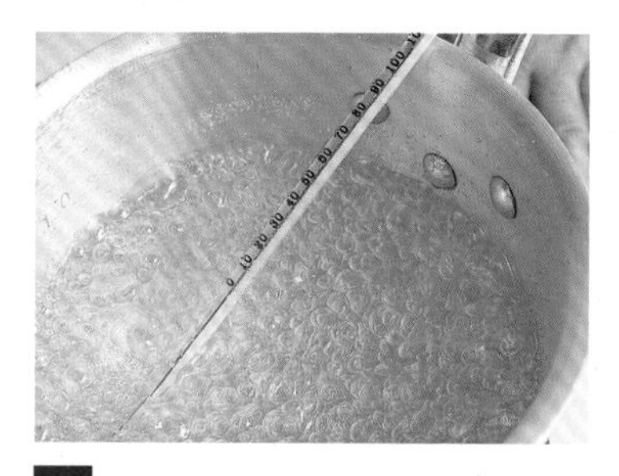

2 制作糖浆。

将砂糖和水倒入单柄锅中，开中火加热。砂糖完全熔化后煮至沸腾，开始冒出大泡时放入温度计，加热到120~122℃。

温度计不能触碰锅底，要稍微离开一些。

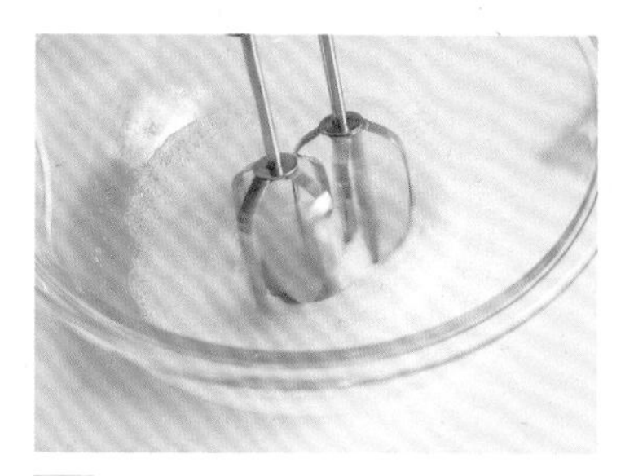

3 打发蛋白。

开火加热糖浆后，马上就要开始打发蛋白。用手持式打蛋器的中速挡将蛋白打散后，用高速挡继续打发。

接下来还要加入热糖浆，所以这一步要使用耐高温的玻璃碗或不锈钢碗。

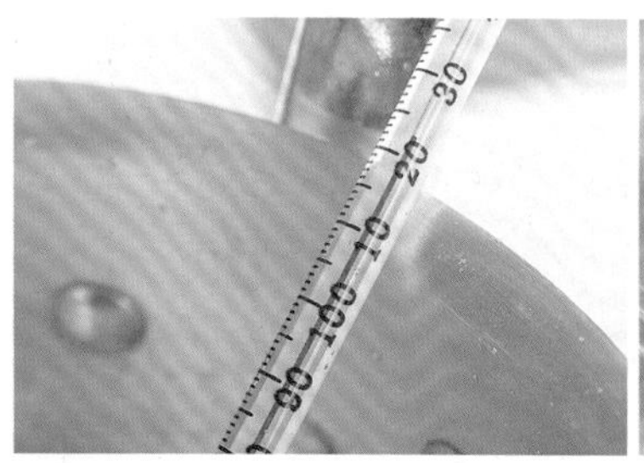

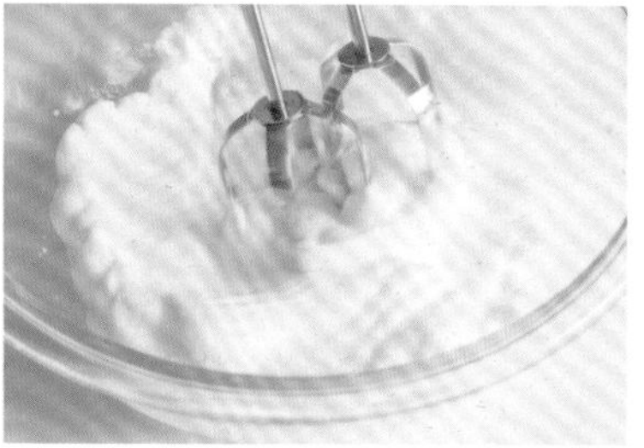

4 糖浆和蛋白糖霜混合的时机。

糖浆加热到120~122℃、蛋白打发到八分发时，将两者混合到一起。

移动搅拌头时能留下明显的痕迹，这就是打发到八分发的状态。

5 将糖浆倒入打发的蛋白中。

边用手持式打蛋器的高速挡画圈搅拌，边将糖浆倒入碗中，倒的时候不能太急，要像细线一样从高处淋下来。

这一步最好两个人配合操作，一个人继续打发蛋白，另一个人倒糖浆。

6 继续打发。

倒完糖浆后，继续用高速挡画圈搅拌，打发成坚挺的硬质蛋白糖霜。

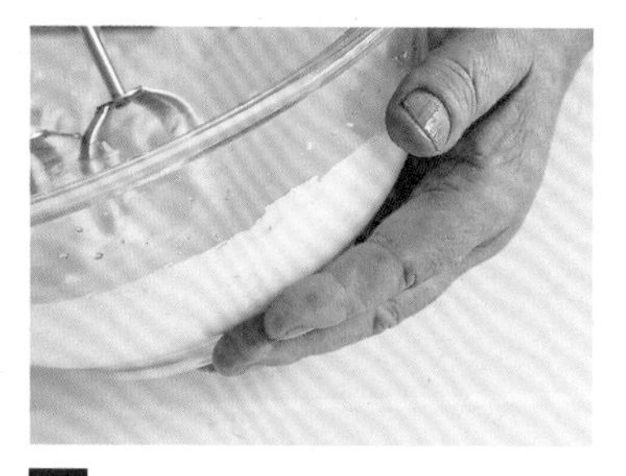

7 继续搅拌至冷却。

打发完成后也要继续搅拌，直到碗底降到跟人体体温差不多的温度为止。

搅拌时要一直用手摸着碗底，来确认温度。

8 意式蛋白糖霜制作完成。

做好的意式蛋白糖霜质地细腻有光泽，能立起尖角且能保持一段时间。

只要打发到位，意式蛋白糖霜能保持2~3小时。

9 打发鲜奶油。

将鲜奶油倒入碗中，碗底浸入冰水里，用手持式打蛋器打发成五分发（抬起搅拌头会成团落下的状态）。

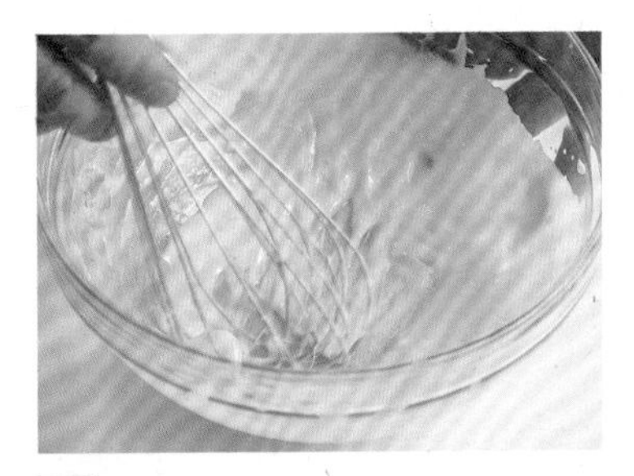

10 将黄油搅拌成奶油状。

将准备好的黄油放入另一个碗中，用打蛋器搅拌成细腻柔滑的奶油状。

11 加入巧克力。

将1加入10中，搅拌均匀。

要等巧克力降到35℃左右再加入。如果直接加入40~45℃的巧克力，奶油状的黄油就会开始熔化，里面包含的气泡也会随之消失。

12 加入一半的鲜奶油，搅拌均匀。

将一半的9倒入碗中，搅拌均匀。

一次性加入容易分离，所以要分2次加入。

13 加入剩下的鲜奶油，搅拌均匀。

加入剩下的一半鲜奶油，搅拌均匀。

14 加入意式蛋白糖霜，搅拌均匀。

最后一次性地加入8的意式蛋白糖霜，用打蛋器搅拌均匀。

15 用硅胶铲调整面糊状态。

换成硅胶铲，从底部向上搅拌，搅拌成有光泽的状态。

残留在打蛋器上的面糊，也要用手取下，放回碗中。

16 挤到容器里。

将星形裱花头装在裱花袋上，要装得紧一些，防止面糊流出来。将15的面糊装入裱花袋里，挤到准备好的容器上。

主厨之声

方子中的配比是意式蛋白糖霜的最小量，这样做出的面糊就有点多（大概20人份），不过面糊可以冷冻保存，大家不用担心。将面糊倒入平盘或一人份的小碗中，放入冰箱冷冻，就能品尝到慕斯风的冰淇淋了。

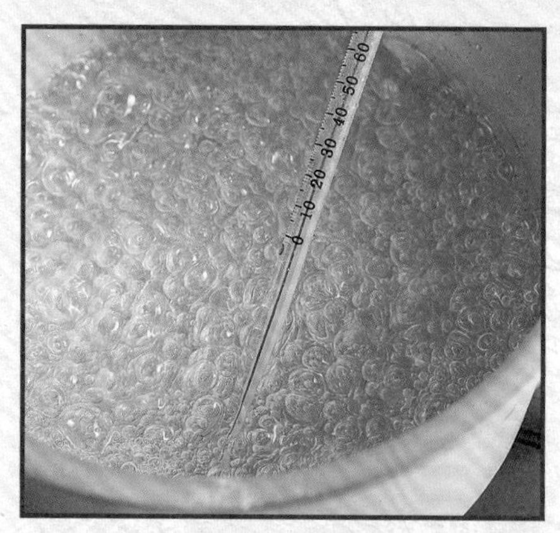

砂糖可以做成糖浆、糖衣、焦糖等，只要充分了解它的性质，就能做出各种各样的甜点。

砂糖

Sucre

砂糖是能为甜点增加“甜味”的食材。不过，作为烘焙中必不可少的材料，砂糖的作用可不止这一个。它能让打发的鸡蛋或鲜奶油变得更稳定，也能使甜点口感更湿润，而且还具有很强的防腐性。砂糖的主要成分是蔗糖，它具有易溶于水的特性。砂糖跟水一起制作成糖浆时，状态会随着温度的升降产生变化。

砂糖溶于水中制成糖浆后，水分会随着加热而蒸发，这样糖浆的甜度会越来越高，质地也变得越来越黏稠。煮过的糖浆被称为SUCRE CUIT，用它可以制成糖浆、翻糖、焦糖等，进而做出各种不同性质的甜点。

烘焙者的灵魂——糖浆

*°Bé是表示液体浓度的单位。30°Bé是指糖浓度为57%左右的糖浆。

简单来说，糖浆就是砂糖溶于水后制成的溶液。不过，对于每个烘焙者来说，糖浆都是很重要的材料。其中30°Bé的糖浆可以说是“烘焙者的灵魂”。

从很久以前，30°Bé的糖浆就成为了烘焙中最常用的材料。例如，想涂在甜点表面为其增加光泽，如果是高于30°Bé的糖浆，就会一直保持白浊的状态而无法变透明。而低于30°Bé的糖浆，又会因为水分太多而渗入甜点里。值得一提的是，30°Bé是细菌无法繁殖的浓度，所以完全可以在室温下保存，不用担心长霉。

在30°Bé的糖浆里加上同量的水或酒，就会变成18°Bé的糖浆。这个糖浆的甜度跟一般甜点的甜度一致。制作杰诺瓦士海绵蛋糕（➡P62）时，就用到了18°Bé的糖浆。制作面糊时，低于这个甜度的糖浆会导致做出的蛋糕水水的。要想做出美味的蛋糕，一定要用18°Bé的糖浆。在家庭烘焙中，为了方便操作，可以提前做一些30°Bé的糖浆备用。

材料（方便操作的分量）

砂糖……………………………… 135g
水………………………………… 100g

制作方法

将砂糖倒入单柄锅中，注入相应分量的水，开中火加热。砂糖完全溶解后煮至沸腾，关火并放到一旁冷却。这种糖浆在室温下可以保存1个月左右。

将30°Bé的糖浆和等量的草莓汁混合，就能做出18°Bé的糖浆。

第三章

不需要复杂技巧的

简单甜点

材料和制作方法都非常简单，

想到后很快就能做出的甜点。

操作简单，味道却一点也不逊色。

为你介绍河田老师独有的方子，

和操作时的各种小窍门。

布丁最重要的是口感。
操作时一定要仔细去除表面的气泡。

焦糖布丁

Crème caramel

焦糖布丁的面糊中一定不能有气泡

焦糖布丁的美味之处在于口感。为了达到入口即化的效果，一定要将混入面糊中的气泡和表面的气泡全部去除。**否则就无法做出细腻柔滑的口感。**

混入面糊中的空气，在烘烤过程中会变成气泡，气泡慢慢向上移动，最后就形成了不美观的小孔。这些小孔就是所谓的蜂窝眼，它是导致口感变差的元凶。所以一定要保证面糊中没有气泡。搅拌时要采用不容易混入空气的方法，表面出现气泡也要及时撇去。

另外，**制作好的面糊必须要过滤。**这是为了避免面糊中残留鸡蛋结块或砂糖颗粒。过滤时要尽量选用网眼较细的筛子。

温度控制是重中之重

焦糖布丁是利用鸡蛋遇热凝固的性质制作而成的。鸡蛋在80℃就会完全凝固，所以一定要慢慢地加热。温度的急剧变化，比如将面糊加热至沸腾或烘烤时间过长，都会导致产生蜂窝眼。为了避免这种现象，**要采用隔水烘烤的方法。**隔水烘烤时会产生水蒸气，这样模具周围的温度就不容易上升。整个烘烤时间很长且温度稳定，面糊中的水分不容易蒸发，最后就能做出细腻柔滑的布丁。虽然材料和制作方法都比较简单，但为了做出完美的口感，一定要在温度控制上多花心思。

材料（容量90mL的布丁模具6个份）

牛奶……250g
鸡蛋……1个
蛋黄……2个
砂糖……62g
香草精……3滴

◎焦糖
砂糖……60g
水……15g

准备工作

◎ 烤箱预热到160℃。
◎ 在冰箱冷藏室腾出空间。
◎ 准备好隔水加热用的30℃热水。

需要特别准备的东西

6个容量90mL的布丁模具、单柄锅（小）、木铲、网眼较细的筛子（茶漏等）、厨房用纸、长柄勺、平盘（或有一定深度的耐高温容器）、手套。

烤箱

◎ 温度/160℃
◎ 烘烤时间/35~45分钟（隔水烘烤）

最佳食用时间和保存方法

烤好后放入冰箱冷藏一会儿，是最好吃的。在冰箱里可以冷藏保存3天左右。

1 制作焦糖。

将砂糖倒入单柄锅中，开中火加热。当砂糖熔化且开始冒出气泡时，用木铲边搅拌边煮一会儿。

2 加水，搅拌均匀。

当砂糖变成深茶色时，关火。将水倒入锅中，搅拌均匀。倒水时很容易飞溅，注意不要烫伤。

我喜欢将焦糖做成深茶色，这个不是固定的，大家可以自由发挥。颜色越深，做出的焦糖就越苦。

3 倒入模具中。

快速将焦糖倒入模具中，使其在室温下冷却凝固。

4 加热牛奶。

将牛奶倒入另一个锅中，开火加热到60℃左右。

一定不能高于这个温度。因为接下来还要跟鸡蛋混合，温度过高鸡蛋就会凝固、结块。

5 将鸡蛋和砂糖混合到一起。

将鸡蛋和蛋黄倒入碗中，用打蛋器打散。加入砂糖，搅拌均匀。

焦糖布丁的面糊中绝对不能有气泡。为了避免搅拌中混入空气，要用打蛋器擦着碗底搅拌。

6 加入热牛奶，搅拌均匀。

加入4的热牛奶，搅拌均匀。

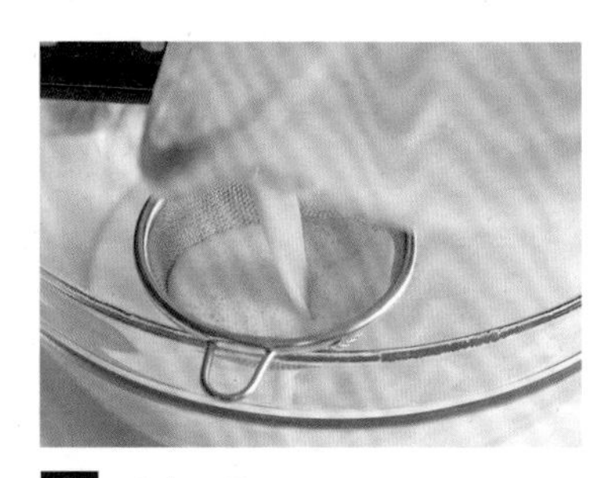

7 过滤面糊。

用网眼较细的筛子过滤面糊。

为了做出细腻柔滑的口感，一定要过滤面糊。筛粉类的筛子网眼较粗，这里要用细网眼的茶漏。

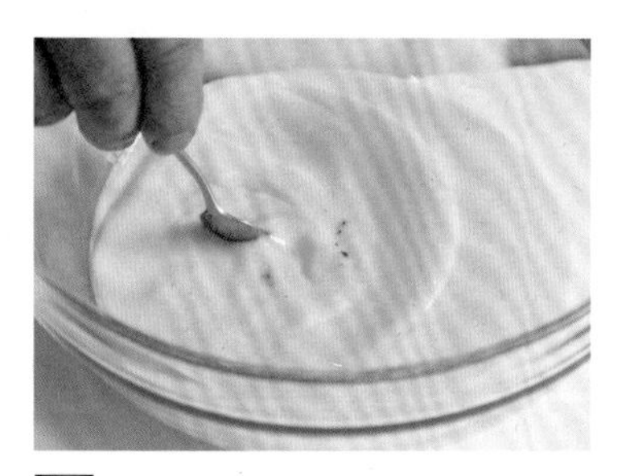

8 加入香草精，搅拌均匀。

加入香草精，用勺子等工具搅拌均匀。

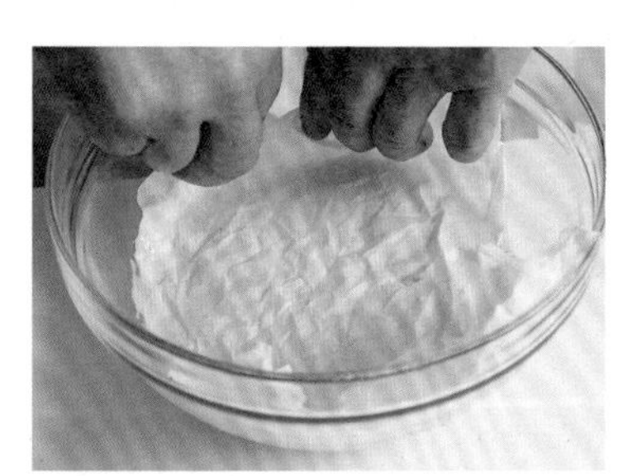

9 在表面铺一层厨房用纸。

将厨房用纸揉成皱皱的状态，然后铺到面糊上。

也可以用烤箱用垫纸或厨房卷纸。

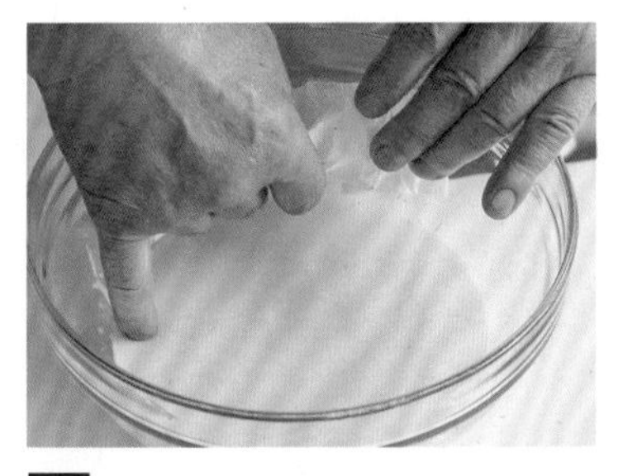

10 去除表面的气泡。

慢慢揭开厨房用纸，将表面的气泡也一起带走。

去除气泡的步骤非常关键。如果有气泡残留，口感就会变差。

11 将面糊倒入模具中。

确认3中的焦糖是否凝固，然后用长柄勺舀起10中的面糊，将其倒入模具中。

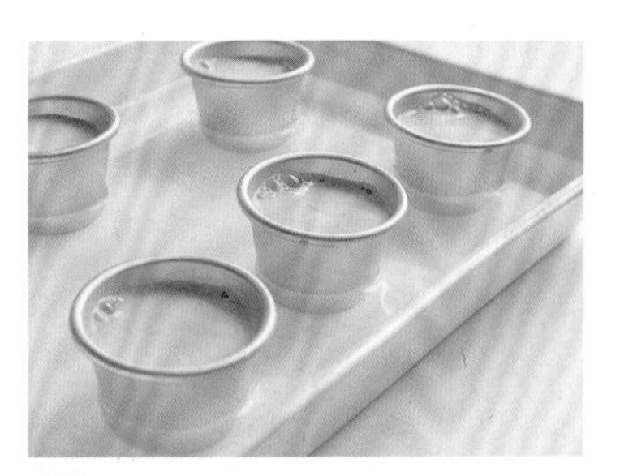

12 摆在平盘上，倒入热水。

将11摆在平盘上，中间要留有空隙。倒入准备好的30℃热水，到模具1/3的位置即可。

可以直接用热水器里的水。

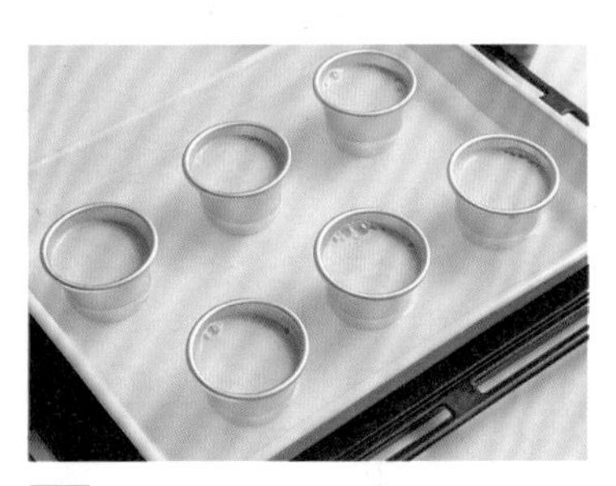

13 用160℃的温度隔水烘烤。

将平盘放入预热到160℃的烤箱中，隔水烘烤35~45分钟。

14 确认烘烤状态！

手上沾一些水后触摸布丁表面，如果布丁没有沾到手上，就算烤好了。戴着手套从烤箱中取出，稍微冷却一会儿，放入冰箱冷藏。

15 加热模具。

将14从冰箱中取出，连同模具一起放入温水中。放的时候要稍微倾斜一些。

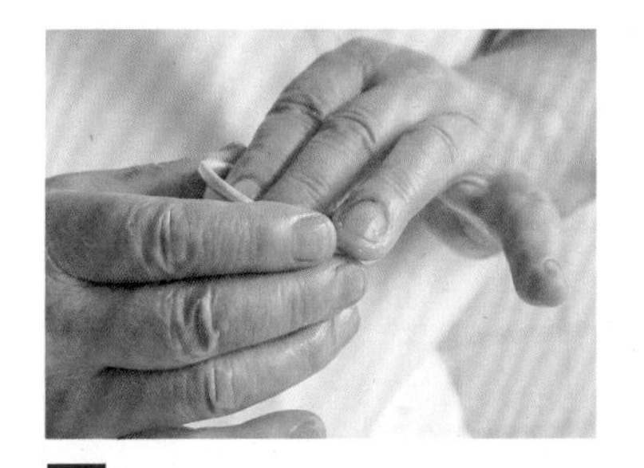

16 使空气进入布丁和模具间。

用手指沿着模具轻轻按压布丁，使空气进入布丁和模具间。

17 脱模。

将盘子倒扣在模具上，用两只手紧紧按住后迅速翻过来，然后上下震动几下。把盘子放到台面上，轻轻拿起模具，这样就顺利脱模了。

主厨之声

鸡蛋有遇热凝固的性质。蛋白从58℃开始凝固，到80℃左右会完全凝固。蛋黄从65℃左右开始凝固，而且很快就会完全凝固。为了避免这种情况，4中牛奶的温度一定不能高于60℃。

克拉芙缇的面糊里一定要加入面粉。
这是将面糊倒入摆着水果的陶器中烘烤而成的甜点。

苹果克拉芙缇

Clafoutis aux pommes

水果要提前处理一下

法国有个名叫利摩日的城市，以其出产的陶器闻名于世。克拉芙缇是利摩日地区的传统甜点，当然是放进陶器烘烤而成的。

克拉芙缇的面糊由面粉、砂糖、鸡蛋和牛奶混合而成，跟可丽饼的面糊很相似。在陶器上铺满应季水果，再倒上面糊烘烤。没什么出奇之处，质朴而温暖的味道正是这款甜点的魅力所在。它代表了法国家庭地道而传统的味道。

烘焙时，无论是用新鲜水果还是水果的加工品，提前用煎或煮的方法处理一下，做出的甜点会更美味。这款克拉芙缇要保留苹果的外形和脆脆的口感，所以煎到表面变软的状态就可以了。煎之前要撒上产自法国的粗糖，使苹果焦糖化。这样苹果就拥有了焦糖的酥脆口感和微苦的香味，比直接使用生苹果好吃很多。

用陶盘烤出蓬松湿润的克拉芙缇

这款面糊中一半的水分都是由啤酒提供的。盛产苹果的法国阿尔萨斯地区，经常用啤酒制作料理，就连可丽饼的面糊里也要加啤酒。我从中获得灵感，在这款克拉芙缇的面糊里也试着加了啤酒。啤酒的风味使克拉芙缇的味道更有层次感，而且里面含有的碳酸也让面糊膨胀得更厉害了。如果实在不喜欢啤酒，可以用牛奶代替。

先在陶盘里涂上一层厚厚的黄油，再撒上砂糖。这样黄油的香味和砂糖的甜味就会渗入面糊里。将烤过的苹果摆在陶盘上，倒上面糊后放进烤箱烘烤。**陶盘有一定厚度，升温速度慢，这样烘烤出的克拉芙缇质地更蓬松湿润。**

材料（直径18cm的克拉芙缇1个份）

苹果……2个
无盐黄油……10g
粗糖（或三温糖）……20g

◘面糊
- 低筋面粉……30g
- 砂糖……30g
- 香草糖……4g
- 鸡蛋……1½个
- 啤酒……75g
- 牛奶……75g

◘涂抹陶盘用
- 无盐黄油……适量
- 砂糖……适量

糖粉……适量

苹果推荐使用红玉这样较酸的品种。粗糖原产于法国，是用榨出的甘蔗汁做成的茶褐色砂糖，它能给甜点增加独特的风味。香草糖是带有香草味的砂糖（➡P65、P117）。

准备工作

◉ 将涂抹陶盘用的黄油软化（➡P40）。
◉ 烤箱预热到180℃。

需要特别准备的东西

直径18cm的挞形陶盘（或焗饭盘）、平底锅、平盘、筛子、手套、冷却架、茶漏。

烤箱

◉ 温度/180℃　◉ 烘烤时间/45分钟

最佳食用时间和保存方法

烤好后冷却到温热的状态，或者放进冰箱冷藏一下，两者都很好吃。放的时间越长口感就越差，最好是在当天全部吃完。

苹果克拉芙缇的制作方法

1 将黄油涂在陶盘上。

在陶盘内侧涂一层黄油。

吃克拉芙缇时，一般是将陶盘一起端上桌，然后切开分给大家。用块状黄油在陶盘上厚厚涂一层，黄油的香味就能更好地渗入面糊里。

2 撒上砂糖。

将砂糖倒入1中，稍微倾斜陶盘并慢慢转一圈，使砂糖均匀地沾在陶盘上。最后再将多余的砂糖倒入别的容器中。

3 沾上砂糖的状态。

整个陶盘都均匀地沾着一层砂糖。

烘烤时，黄油和砂糖会慢慢熔化，香味和甜味就会渗入面糊中。撒完砂糖后，可以将陶盘放入冰箱，也可以在室温下放置。

4 用黄油煎苹果。

苹果削皮去核，纵向切成8等份。将黄油放入平底锅中，开火加热，黄油熔化后放入苹果。

5 倒入粗糖。

煎到苹果表面变软，倒入粗糖。

6 使苹果焦糖化。

将火调大，不时摇动平底锅，当苹果变成漂亮的焦糖色时，关火。倒入平盘中冷却。

因为要保留苹果的形状，煎的时间不能太长，表面变色就要立刻关火。

7 制作面糊。

将低筋面粉筛入碗中，加入砂糖和香草糖，用打蛋器搅拌均匀。

糖和面粉一定要混合均匀，这样后面就不容易产生结块。

8 加入鸡蛋，搅拌均匀。

将鸡蛋打入7中，边打散边搅拌均匀。

9 加入牛奶，搅拌均匀。

加入牛奶，用打蛋器搅拌均匀。

10 加入啤酒，搅拌均匀。

将啤酒加入9中，搅拌均匀。

啤酒可以用苹果发泡酒代替。如果实在不喜欢酒的味道，可以将啤酒换成牛奶。

11 过滤面糊。

用筛子过滤10，做出质地细腻的面糊。

12 面糊完成。

搅拌成没有结块、细腻柔滑的状态。

由于加入了面粉，做出的面糊有一定的黏度。具有香草的香味和啤酒的苦味，是这款面糊最突出的特征。

13 将苹果摆在陶盘上。

按照图中所示，将6的苹果摆在3的陶盘上。

摆好后就会直接拿去烘烤，为了烤出漂亮的克拉芙缇，一定要用手摆整齐。

14 倒入面糊。

将12的面糊慢慢注入陶盘中。

15 180℃烘烤。

将陶盘放入预热到180℃的烤箱中，烘烤45分钟。表面烤成漂亮的茶色，就算烤好了。戴着手套从烤箱中取出，连同陶盘一起放到冷却架上冷却。

16 撒上糖粉。

稍微冷却一会儿，用茶漏撒上一层糖粉。

主厨之声

我们店里使用的香草糖，是将砂糖和香草荚一起磨碎后制成的。家里没有专业机器，很难做出这样的香草糖。大家可以将用过的香草荚晾干后放进砂糖罐里，放置一段时间就是香草糖了（➡P65）。

CHECK

表面变成深茶色，就算烤好了。克拉芙缇的面糊跟可丽饼面糊差不多，在陶器里慢慢烘烤，口感就变得蓬松而湿润。

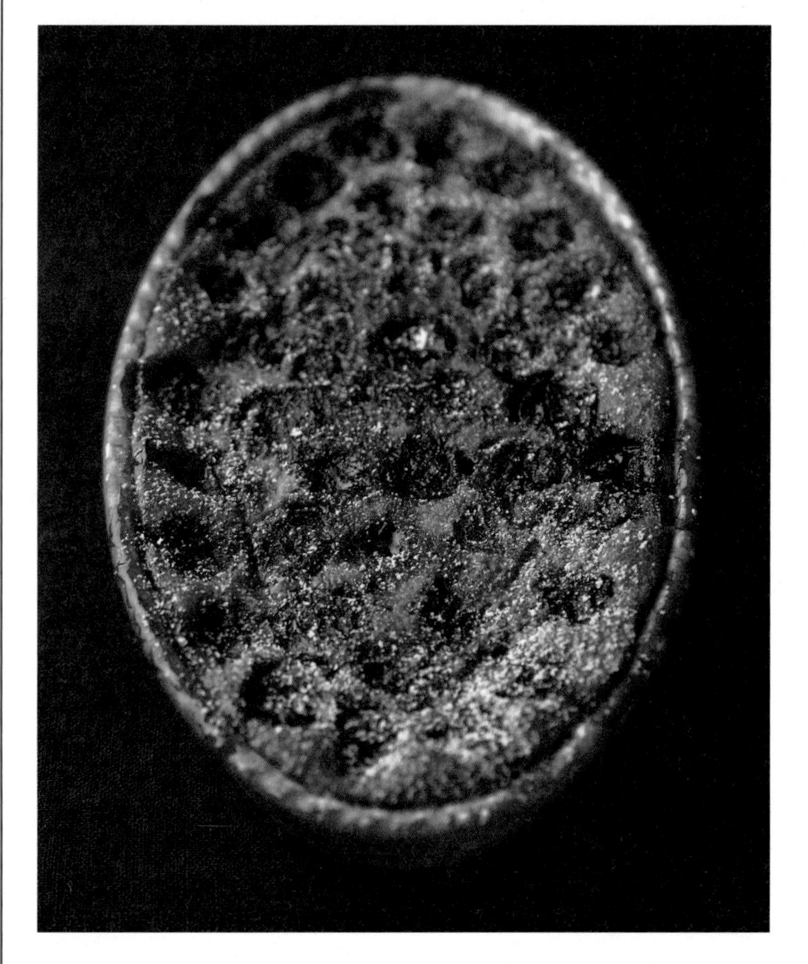

只需搅拌、倒入、烘烤，简单而美味的甜点。

樱桃克拉芙缇

Clafoutis aux cerises

对利摩日地区的人来说，最具代表性的甜点，是在初夏用应季樱桃做的克拉芙缇。

在日本，可以使用口感酸甜的黑樱桃罐头或酸樱桃罐头。**为了增加甜度和去除怪味，使用前要跟柑橘皮或红茶等带香味的食材一起煮一下（➡P90）**。煮好后在汁水里泡一晚，糖分就会充分渗入樱桃里。

如果正好赶上樱桃上市的季节，也可以用鲜樱桃。鲜樱桃要保留蒂和核，洗净后直接摆在模具中，这样做出的克拉芙缇樱桃味更浓。其他步骤跟用罐头时一样。吃完后将樱桃核噗地一声吐出去，这才是正宗的利摩日吃法。

材料（长21cm的椭圆形克拉芙缇1个份）

樱桃蜜饯

- 糖水煮黑樱桃（罐头）… 1罐（总量440g/固体量220g）
- 砂糖……………………… 30g
- 柠檬皮…………………… 2片

面糊

- 低筋面粉………………… 30g
- 砂糖……………………… 60g
- 盐…………………………0.5g
- 鸡蛋………… 60g（约1个）
- 牛奶……………………… 150g
- 熔化黄油（➡P41）…… 10g

涂抹陶盘用

- 无盐黄油…………………适量
- 砂糖………………………适量

糖粉…………………………适量

如果能买到酸樱桃罐头，可以用它代替黑樱桃罐头。

准备工作

- 参照P116 1~3，在陶盘上涂一层厚厚的黄油，再撒上砂糖。
- 烤箱预热到180℃。

需要特别准备的东西

21cm×15cm的椭圆形陶盘（或焗饭盘）、锅、温度计、筛子、手套、冷却架、茶漏。

烤箱

- 温度/180℃
- 烘烤时间/45分钟

最佳食用时间和保存方法

烤好后冷却到温热的状态，或者放进冰箱冷藏一下，两者都很好吃。放的时间越长口感就越差，最好是在当天全部吃完。

1 制作樱桃蜜饯。

将黑樱桃罐头里的樱桃和罐头汁一起倒入锅中，加入砂糖和柠檬皮，用小火煮15分钟左右。

樱桃罐头甜度不够，要重新煮一下来增加甜度，同时还能去除罐头里的异味。

2 将粉类和鸡蛋混合到一起。

将低筋面粉筛入碗中，加入砂糖和盐，用打蛋器充分搅拌。再加入鸡蛋，搅拌均匀。

3 加入牛奶，搅拌均匀。

鸡蛋和粉类混合均匀后，再加入牛奶，搅拌均匀。

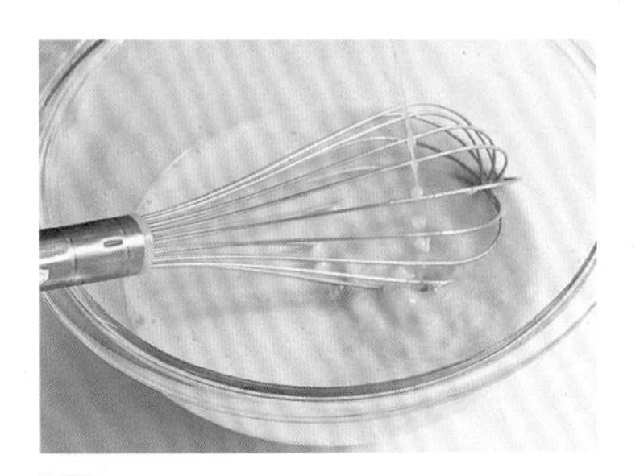

4 加入熔化黄油，搅拌均匀。

加入熔化黄油，用打蛋器搅拌均匀。

熔化黄油温度过低会导致结块，要提前用微波炉或隔水加热法加热到50℃左右。如果使用微波炉，要以10秒为单位，边确认温度边加热。

5 过滤面糊。

用筛子过滤出质地细腻的面糊。

6 将樱桃摆在陶盘上。

用笊篱捞起1的樱桃，沥干水分后摆到准备好的陶盘上。

7 倒入面糊，180℃烘烤。

将5中的面糊倒入陶盘，再将陶盘放入预热到180℃的烤箱中，烘烤45分钟。烤好后戴着手套将其从烤箱中取出，连同陶盘一起放到冷却架上冷却。

烘烤时面糊会膨胀得很厉害，从烤箱里拿出后就会塌下来。

8 撒上糖粉。

等7稍微冷却一会儿，用茶漏撒上一层糖粉。

黑樱桃里的汁水会渗入面糊中，这样烤出的克拉芙缇口感湿润而多汁。刚出炉时口感很蓬松，过一会儿就会塌下去。

很快就能做好的甜点，刚出锅时最好吃。
面糊中加入大量黄油，味道香醇浓郁。

可丽饼

Crêpe

加入焦化黄油和香料，制作出香醇浓郁的面糊

在法国布列塔尼地区的雷恩市和坎佩尔市，卖可丽饼的摊位在街上随处可见，我在法国时经常会买来吃。下面就给大家介绍**一款加了焦化黄油和肉桂粉的方子，用这个方子做出的可丽饼味道香浓，非常好吃。**

一般情况下，制作可丽饼要使用专门的铁板锅。这种锅有一定厚度，保温性非常好，能保证做出的每个可丽饼火候一致。

不过，很少有人在家里预备这样的铁板锅，所以这次给大家介绍一种用平底锅制作的方法。做可丽饼之前，平底锅一定要充分烧热。刚开始可能掌握不好火候，可以当做练手，多做几个就能找到窍门了。

放上黄油、撒上糖粉，虽然简单，却是最美味的吃法

可丽饼最理想的状态是厚度均匀、边缘变干且收缩，整体烤成漂亮的茶色。厚度是越薄越好，烤成茶色能勾起人的食欲。

可丽饼的食用方法有很多种，建议大家先尝试放上黄油、撒上糖粉的吃法。也许有人会觉得平淡无奇，我却认为这是最美味的吃法。吃的时候可以只撒上糖粉，也可以在糖粉的基础上再撒一层砂糖。

材料（直径24cm的可丽饼约20个份）

低筋面粉…………………………250g
砂糖…………………………………60g
盐……………………………………1g
牛奶……………………………600g
鸡蛋………………… 50g（约1个）
水……………………………………60g
肉桂粉…………………………0.5g
无盐黄油………………………150g
朗姆酒………………………………9g

◎装饰用
糖粉（或砂糖）、黄油…… 各适量

150g黄油要做成焦化黄油。制作过程中，要取出1大匙澄清黄油，然后从做好的焦化黄油中取出75g，用于制作可丽饼。

准备工作

- 低筋面粉过筛。
- 鸡蛋打散备用。

需要特别准备的东西

直径24cm的平底锅、锅、拧干的湿布、筛子、厨房用纸、长柄勺、抹刀

平底锅尽量用厚一些的。

最佳食用时间和保存方法

建议在刚出锅时趁热吃。做好的面糊尽量在当天用完。也可以一下做好20个，抹上奶油做成千层蛋糕。如果做好后吃不完，可以在可丽饼之间垫上一层厨房用纸，然后装进密封袋冷冻保存。

1 制作澄清黄油。

将黄油从冰箱中取出，切成适当的大小，放入锅中，边用打蛋器搅拌边开中火加热。当黄油完全熔化且开始产生浮泡时，撇开浮泡，舀出1大匙澄澈透明的黄色液体（澄清黄油）。

2 剩下的做成焦化黄油。

继续加热黄油，要不断搅拌。当黄色液体变成焦糖色时，从火上拿下来。

黄油变色过程很快，可以在锅旁准备一块湿布，等变成焦糖色时马上从火上取下，放到湿布上冷却。

3 过滤焦化黄油。

做成像图中所示的焦化黄油后，马上用筛子过滤表面的浮沫，然后放到冰上冷却。

从做好的焦化黄油中取出75g，用于制作可丽饼。

4 将粉类混合到一起。

将筛过的低筋面粉、砂糖和盐倒入碗中，用打蛋器搅拌均匀。在中间做出一个小坑，分3~4次加入牛奶，每次加入都要充分搅拌。

5 加入打散的蛋液，搅拌均匀。

将打散的蛋液加入4中，用打蛋器搅拌均匀。

这一步动作不能太大，要慢慢搅拌。

6 加入朗姆酒，搅拌均匀。

加入朗姆酒，用打蛋器搅拌均匀。

7 加入肉桂粉。

加入肉桂粉，搅拌均匀。

8 加水，搅拌均匀。

加水，搅拌成细腻柔滑的状态。

9 加入焦化黄油，搅拌均匀。

最后加入3的75g焦化黄油，搅拌均匀。

面糊里既有水又有油，很容易分离。一定要用打蛋器充分搅拌，使两者乳化（➡P127），才能做出质地细腻的面糊。

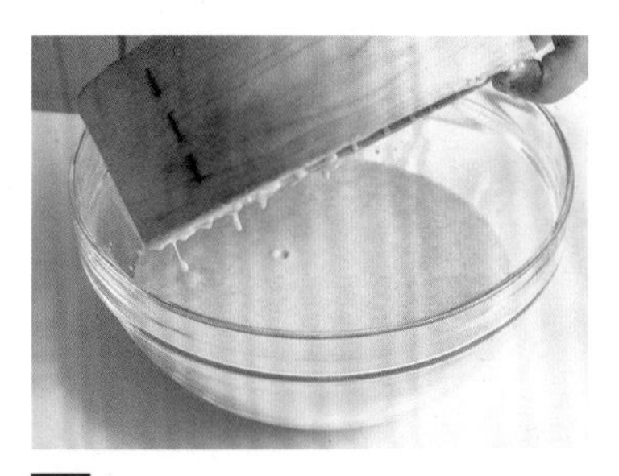

10 过滤面糊后醒一会儿。

用筛子过滤9，这样面糊就做好了。在室温或比较暖的地方醒2小时。

面糊一定要醒一会儿。这样面粉会跟水分完全融合，面糊的质地就变得更细腻。

11 在平底锅上涂一层澄清黄油。

用厨房用纸蘸取1的澄清黄油，在平底锅上薄薄涂一层。然后充分烧热平底锅。

12 将面糊倒入锅中。

调成较大的中火，用长柄勺舀起一勺面糊，倒入锅中。

倒之前要先用长柄勺搅拌一下。

13 转动平底锅，使面糊在锅中均匀铺开。

倾斜平底锅后慢慢转几圈，使面糊在锅中均匀铺开。

如果发现面糊不容易铺开，可以再加50g水（分量外）稀释面糊。

14 煎一会儿。

煎到面糊鼓起的状态。

15 翻面。

当表面变干，边缘开始变色时，将可丽饼翻过来。

可丽饼温度比较高，翻的时候不要着急，尽量不要弄破。可以用抹刀辅助操作。

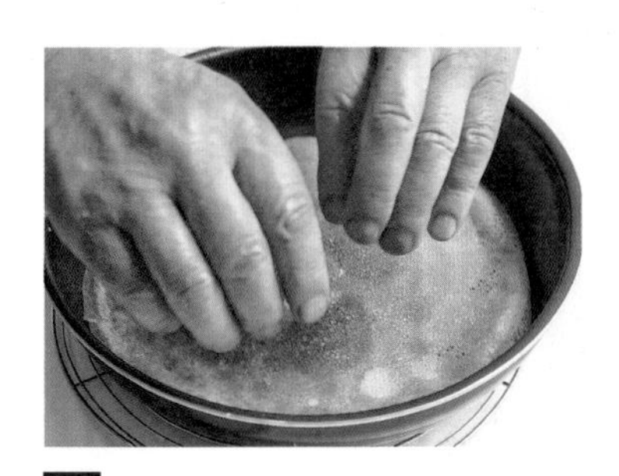

16 煎反面。

将反面也煎成很干的状态。

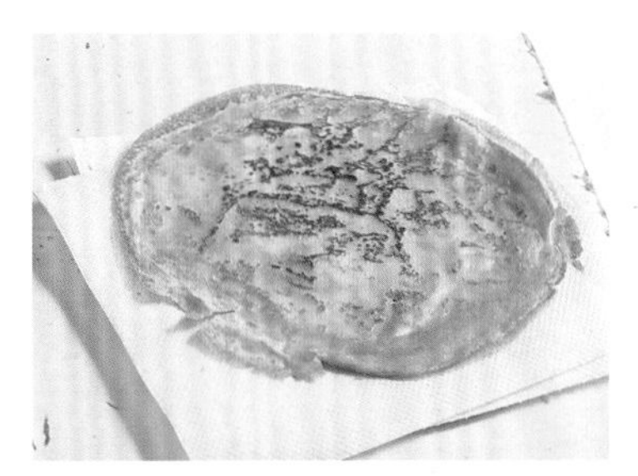

17 放到厨房用纸上。

将煎好的可丽饼放到厨房用纸上，按照同样的方法继续煎下一个。每个可丽饼之间都要夹一张厨房用纸。

18 放上黄油，撒上糖粉。

将可丽饼对折两次，折成扇形后按照图中所示摆在盘中。撒上糖粉，放上黄油块，最后再撒一层糖粉。

蛋奶酱的制作方法非常关键。

香草巴伐露

Bavarois à la vanille

德国巴伐利亚地区有一种用牛奶、香草和砂糖制成的热饮，据说巴伐露就是由它演变而成的。如今，巴伐露的主要材料是由牛奶、鸡蛋和砂糖制成的蛋奶酱。只有做好蛋奶酱，才能做出美味的巴伐露。

制作蛋奶酱时最关键的是温度。要加热到既能煮熟蛋黄又能杀菌的83℃。煮得差不多时，**用硅胶铲舀起些许蛋奶酱，用手指在上面轻轻划一下，如果能留下明显的痕迹，就是蛋奶酱的理想状态。**在法语中，我们管这个确认的步骤叫“nappe”。达不到这个状态，就无法做出香甜可口的蛋奶酱。制作时要将锅的余热也计算进去，来确定最好的关火时机。

材料（5个份）

牛奶……………………… 125g
蛋黄……………………… 2个
砂糖……………………… 62g
吉利丁…………………… 5g
鲜奶油（乳脂肪含量47%）
……………………… 250g
香草荚…………………… 1/4根

准备工作

◉ 在冰箱冷藏室腾出空间。

需要特别准备的东西

5个容量120mL的巴伐露模具、单柄锅（小）、温度计（没有也可以）、筛子（或茶漏）、手持式打蛋器、长柄勺、平盘。

最佳食用时间和保存方法

从冰箱拿出来放一段时间，是最好吃的。尽量在当天吃完。

主厨之声

制作蛋奶酱的火候很重要，只有加热到一定程度才能引出蛋黄的香味。如果过早关火，做出的蛋奶酱就只剩下甜味，蛋黄的香味要过一会儿才能尝出来。煮出理想的蛋奶酱不是一件很容易的事，为了抓住关火的最好时机，一定要用“nappe”（➡P126 7）确认蛋奶酱的状态。

如果没有跟图中一样的模具，可以换成别的。我用了带花纹的模具，是为了让这款巴伐露显得更经典。

1 用水泡软吉利丁。

将吉利丁浸入冰水中，泡成柔软的状态。

吉利丁泡水的过程很容易溶解或碎裂，所以一定要用冰水。如果是夏天，还要放进冰箱冷藏。

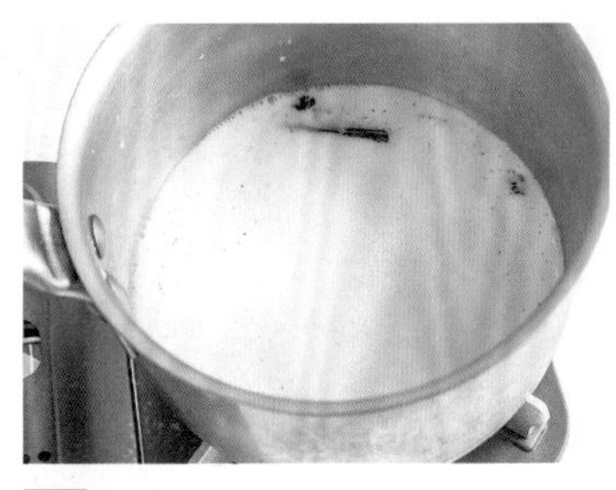

2 加热牛奶。

将牛奶倒入单柄锅中，纵向切开香草荚，将香草籽和豆荚一起放入锅中，开小火加热。

如果香草荚很干，可以先在牛奶里泡一会儿，等变软后再切开。

3 将蛋黄和砂糖混合。

将蛋黄倒入碗中，用打蛋器打散，加入砂糖，搅拌成略微发白的状态。

这一步一定要充分搅拌，否则没有拌匀的蛋黄会在加热时凝固成小块，很影响巴伐露的口感。

4 加入牛奶，搅拌均匀。

将2煮至沸腾，取出香草荚，将其中一半倒入3中。

为了避免蛋黄遇到沸腾的牛奶产生结块，要先加一半牛奶。从牛奶中捞出的香草荚可以用来做香草糖（➡P65）。

5 倒回锅中。

蛋黄与牛奶完全融合后，重新倒回2的锅中，用打蛋器轻轻搅拌。

6 开火加热。

开小火加热，换成硅胶铲，擦着锅底不断搅拌，直到蛋奶酱变黏稠。

鸡蛋中的蛋白质会遇热凝固，利用这种性质做出黏稠的蛋奶酱。

7 确认关火时机。

煮成黏稠的状态后，用温度计确认是否达到83℃。如果没有温度计，可以用硅胶铲舀起些许蛋奶酱，用手指在上面轻轻划一下，如果能留下明显的痕迹，就可以关火了。

这个确认的步骤叫“nappe”。

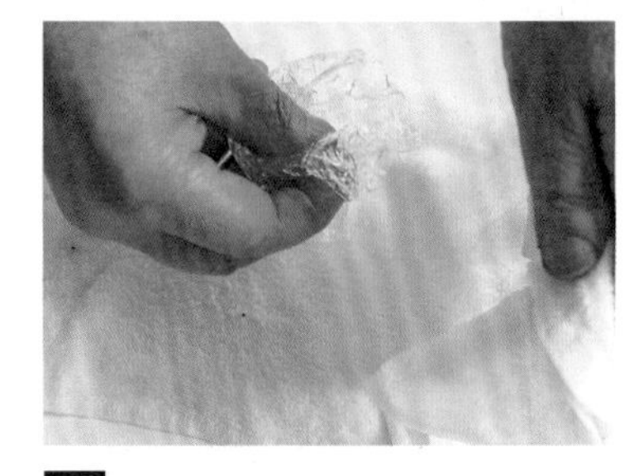

8 沥干吉利丁的水分。

将1的吉利丁从冰水中取出，沥干水分。

取出吉利丁时，为了避免水洒出来，可以用笊篱操作。取出后马上放到干布上沥干水分。

9 将吉利丁加入蛋奶酱里。

将8加入7的锅中，用余热使吉利丁熔化。

10 过滤面糊。

用网眼较细的筛子过滤面糊。

为了做出口感细腻的巴伐露，一定要过滤面糊。普通家庭中最适合过滤面糊的是网眼较细的茶漏。

11 浸入冰水中，使面糊冷却。

将10的碗底浸入冰水中，不时搅拌几下，使面糊冷却。当面糊稍微变稠时，从冰水中拿出来。

12 打发鲜奶油。

将鲜奶油倒入另一个碗中，碗底浸入冰水里，用手持式打蛋器的高速挡打发至能立起尖角的八分发。

移动搅拌头，能留下明显的痕迹是打发到六七分发的状态。再稍微搅拌一会儿就是八分发状态，注意不要搅拌过度。

13 将奶油和11混合到一起。

将11加到12中，用硅胶铲搅拌均匀。

如果11凝固了，可以用隔水加热法或微波炉稍微加热一下。

14 倒入模具中，冷藏至凝固。

用长柄勺等工具将面糊倒入模具中，然后将模具摆在平盘上，一起放入冰箱冷藏。最少冷藏3~4小时才能凝固。

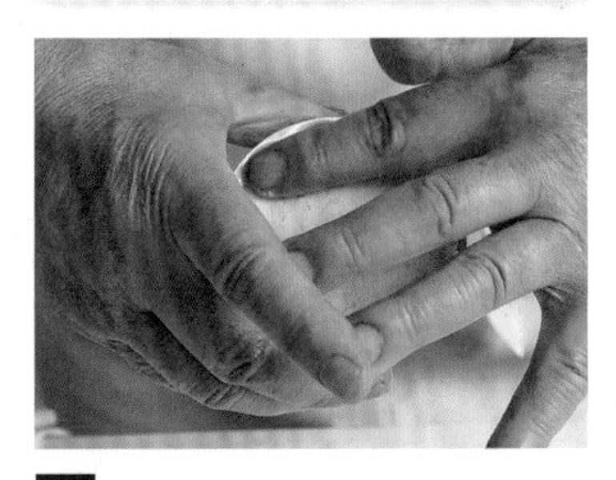

15 脱模。

将14从冰箱中取出，连同模具一起浸入温水里。用手指按压巴伐露表面，使空气进入巴伐露和模具之间。将盘子倒扣在模具上，用两只手紧紧按住后迅速翻过来，上下震动几下，就可以顺利脱模了。

方子中没有体现的烘焙知识

[术语集]

【杏仁粉】

将生杏仁磨碎后制成的粉类。有带皮和去皮两种。它在法语中叫Poudre d'amandes。

【面糊】

由粉类、鸡蛋、黄油等多种材料混合而成的，具有流动性的糊状物。

【稍微冷却】

使温度很高的物体降到可以用手触摸的程度。

【可可含量】

指巧克力中含有多少可可油和可可膏，通常用百分比表示。

【焦糖化】

焦糖化是指将砂糖煮成焦糖的过程。或者是在水果、坚果表面覆盖一层焦糖。

【麸质】

在小麦粉里加一些水，就能揉成有一定黏度和弹力的面团。使面团产生黏度和弹力的就是麸质。如果想做出口感酥脆的饼干或蓬松柔软的蛋糕，就要通过改变材料的混合方式和顺序，来避免形成麸质。不过，完全没有麸质的话，做出的海绵蛋糕就没有韧性，很容易碎裂。由此可见，想做出理想的甜点，麸质是很关键的。

【可可粉】

将去除了油脂（可可油）的可可膏磨碎后制成的粉类。可可粉有两种，一种是可以直接冲饮的，里面加了砂糖和乳制品。另一种是无糖的，烘焙中使用的就是这种。

【氧化】

食品接触空气后会慢慢变质，这个过程叫氧化。通常会引起变色和变味。

【恢复到室温】

将冷藏过的东西拿到室温下，使其变成温热的状态。

【结块】

将粉类和液体混合到一起时，有些没有溶解的粉类会变成粒状，这种粒状就叫结块。

【二次面团】

制作沙布列和挞时，用模具切下的面叫二次面团。

【乳化】

乳化是指油和水分混合到一起的状态。举个例子，将油和醋倒入瓶中，用力摇晃后两者会混合到一起，这种状态就叫做“乳化”。烘焙中，在黄油和鸡蛋、巧克力和鲜奶油等食材混合时，经常会用到这个词。

【开孔】

为了防止铺在模具中的面过度膨胀，要用叉子等工具在表面扎一些小孔。

【人体体温】

摸起来不觉得热也不觉得凉。一般是指36~37℃。

【分离】

面糊中的油脂和水分分离，变成浑浊不均的状态。

【预热】

事先将烤箱预热到想要的温度。

【余热】

加热过的东西还会带有一定热量，这个热量被称为余热。

图书在版编目（CIP）数据

河田胜彦的美味手册：甜点完全掌握 / (日) 河田胜彦著；王宇佳译. -- 北京：中国民族摄影艺术出版社，2018.5
ISBN 978-7-5122-1103-2

Ⅰ. ①河… Ⅱ. ①河… ②王… Ⅲ. ①甜食 - 制作 Ⅳ. ①TS972.134

中国版本图书馆CIP数据核字(2018)第042240号

策划制作：北京书锦缘咨询有限公司（www.booklink.com.cn）
总 策 划：陈　庆
策　　划：邵嘉瑜
设计制作：王　青

书　名：河田胜彦的美味手册：甜点完全掌握
作　者：〔日〕河田胜彦
译　者：王宇佳
责　编：张　宇
出　版：中国民族摄影艺术出版社
地　址：北京东城区和平里北街14号（100013）
发　行：010-64211754 84250639 64906396
印　刷：北京彩和坊印刷有限公司
开　本：1/16　185mm × 260mm
印　张：8
字　数：100千字
版　次：2018年5月第1版第1次印刷
ISBN 978-7-5122-1103-2
定　价：58.00元